自能自适建筑

李春莹

著

中国建筑工业出版社

图书在版编目（CIP）数据

自能自适建筑 / 李春莹著 . —北京：中国建筑工
业出版社，2023.12（2025.2重印）
ISBN 978-7-112-29267-7

Ⅰ.①自⋯ Ⅱ.①李⋯ Ⅲ.①再生能源—应用—生态
建筑—建筑设计—研究 Ⅳ.①TU201.5

中国国家版本馆 CIP 数据核字（2023）第 190038 号

责任编辑：宋　凯
文字编辑：李闻智　闫怡锦
责任校对：刘梦然
校对整理：张辰双

自能自适建筑

李春莹　著

*

中国建筑工业出版社出版、发行（北京海淀三里河路9号）
各地新华书店、建筑书店经销
华之逸品书装设计制版
建工社（河北）印刷有限公司印刷

*

开本：787毫米×1092毫米　1/16　印张：11½　字数：190千字
2023年12月第一版　2025年2月第二次印刷
定价：**54.00**元
ISBN 978-7-112-29267-7
（41983）

在碳达峰、碳中和宏伟目标和绿色低碳建筑蓬勃发展的背景下，本书提出自能自适建筑的概念。自能，指的是建筑物自身可以将自然界的一次能源直接加以利用，或者转化为二次能源，供给建筑设备系统运行之用。自适，指的是建筑物可以根据外界环境条件的改变，自发调节传热、传质性能，甚至主动改变建筑构件、表皮和形体的状态，从而在能源与资源消耗总量尽可能少的前提下，保持建筑物的高效运行和室内人员的健康舒适。

本书介绍建筑自能技术，包括太阳能光热利用、太阳能光伏发电技术、风力发电技术及地热能在建筑中的应用策略及发展前景；建筑自适技术，包括自然采光、自然通风、太阳能蓄热取暖、天空辐射制冷技术等在建筑中的应用形式与研究进展；"光储直柔"建筑灵活用能调节技术，包括建筑储能、直流供电、柔性用电等前沿科技的研究进展。最后，本书从新型建筑材料、建筑构件、建筑表皮等技术发展角度，对建筑自能自适相关性能的未来发展与研究进行展望。

本书得到深圳市科技计划（ZDSYS20210623101534001，JCYJ20210324093209025），广东省基础与应用基础研究基金（2023A1515010709），国家自然科学基金（52008254）资助。感谢唐海达、吴巨湖、龙其浩、陈维杰和张琬琨在本书成稿过程中的协助。

本书适用于建筑技术、建筑环境与能源工程等专业的本科生和研究生阅读，加深对于碳中和背景下未来建筑可能发挥的能源"产消者"作用的理解，也可作为绿色建筑工程技术人员了解新型建筑节能降碳技术的工具。

自 能 自 适 建 筑

CHAPTER 1

绪 论

在碳达峰、碳中和目标背景下，打造绿色低碳建筑、推动建筑行业的转型升级，已成为构建绿色低碳发展经济体系中不可或缺的部分。绿色低碳建筑可以降低建筑对环境的影响、提高建筑的能源效率、改善室内空气质量，创造更加舒适、健康的生活和工作环境，对人们的身心健康产生积极影响，发展前景广阔。

1.1 背景

当下，全球气候变化、能源危机等问题日益突出，严重影响环境、生态、人类发展与安全。一方面，能源危机严重威胁社会经济发展的可持续性。国际能源署（International Energy Agency，IEA）于2022年10月27日发布的《2022年世界能源展望》报告指出，能源危机使全球能源系统的脆弱性和不可持续性凸显，或将推动各国及国际组织采取长期措施加速结构性改革，深刻改变现有能源供应体系。另一方面，近年来的极端气象事件发生频率增加，可能与二氧化碳等温室气体过量排放所引发的全球气候变化有关。早在2009年举行的哥本哈根会议，政府间气候变化专门委员会（Intergovernmental Panel on Climate Change，IPCC）就确定了将全球温升控制在2℃以内的减排目标，这意味着在2010—2050年期间全球需减少320亿t二氧化碳当量排放。为了解决气候变化和能源危机问题，需要全世界人民共同努力，减少能源消耗和温室气体排放，走可持续发展的道路。

2020年9月22日，国家主席习近平在第七十五届联合国大会一般性辩论上向全世界宣布：中国将提高国家自主贡献力度，采取更加有力的政策和措施，二氧化碳排放力争于2030年前达到峰值，努力争取2060年前实现碳中和。在碳达峰、碳中和目标背景下，打造绿色低碳建筑、推动建筑行业的转型升级，已成为构建绿色低碳发展经济体系中不可或缺的部分。根据相关统计数据，全球建筑相关用能引起的碳排放占全部碳排放的比例约为40%（包含建筑建造和运行）。在我国，建筑相关用能碳排放占全部碳排放的比例约为38%。可见，建筑行业的碳减排势在必行。2021年，《中共中央 国务院关于完整准确全面贯彻新发展理念做好碳达峰碳中和工作的意见》正式发布，该文件对努力推动实现碳达峰、碳中和目标进行了全面部署。该文件中的相关内容引用如下：

（十七）推进城乡建设和管理模式低碳转型。在城乡规划建设管理各环节全面落实绿色低碳要求。推动城市组团式发展，建设城市生态和通风廊道，提升城市绿化水平。合理规划城镇建筑面积发展目标，严格管控高能耗公共建筑建设。实施工程建设全过程绿色建造，健全建筑拆除管理制度，杜绝大拆大建。加快推进绿色社区建设。结合实施乡村建设行动，推进县城和农村绿色低碳发展。

（十八）大力发展节能低碳建筑。持续提高新建建筑节能标准，加快推进超低能耗、近零能耗、低碳建筑规模化发展。大力推进城镇既有建筑和市政基础设施节能改造，提升建筑节能低碳水平。逐步开展建筑能耗限额管理，推行建筑能效测评标识，开展建筑领域低碳发展绩效评估。全面推广绿色低碳建材，推动建筑材料循环利用。发展绿色农房。

（十九）加快优化建筑用能结构。深化可再生能源建筑应用，加快推动建筑用能电气化和低碳化。开展建筑屋顶光伏行动，大幅提高建筑采暖、生活热水、炊事等电气化普及率。在北方城镇加快推进热电联产集中供暖，加快工业余热供暖规模化发展，积极稳妥推进核电余热供暖，因地制宜推进热泵、燃气、生物质能、地热能等清洁低碳供暖。

近年来，绿色低碳建筑发展已经受到我国政府、社会与建筑行业的普遍重视。2012年4月，财政部、住房和城乡建设部发布《关于加快推动我国绿色建筑发展的实施意见》，提出到2020年绿色建筑占新建建筑比重超过30%的目标，力争2015年新增绿色建筑面积10亿平方米。2016年12月发布的《"十三五"节能减排综合工作方案》，进一步将2020年城镇绿色建筑面积占新建建筑面积比重提高到50%。2019年3月发布的新版《绿色建筑评价标准》GB/T 50378—2019，扩充了评价维度，结合社会经济发展与人民健康需求，进一步完善绿色建筑的评价方式。2020年7月，住房和城乡建设部、国家发展改革委等七部委发布《绿色建筑创建行动方案》，该方案提出了到2022年城镇新建建筑中绿色建筑面积占比达到70%的目标。

2022年3月，住房和城乡建设部印发《"十四五"建筑节能与绿色建筑发展规划》，明确到2025年城镇新建建筑全面建成绿色建筑，建筑能源利用效率稳步提升，建筑用能结构逐步优化，建筑能耗和碳排放增长趋势得到有效控制，基本形成绿色、低碳、循环的建设发展方式，为城乡建设领域2030年前碳达峰奠定坚实基础。具体目标是：到2025年，完成既有建筑节能改造面积3.5亿平方米以上，建设超低能耗、近零能耗建筑0.5亿平方米以上，装配式建筑占当年城镇新建建筑的比例达到30%，全国新增建筑太阳能光伏装机容量0.5亿千瓦以上，地热能建筑应用面积1亿平方米以上，城镇建筑可再生能源替代率达到8%，建筑能耗中电力消费比例超过55%。同时，开展星级绿色建筑推广计划。采取"强制+自愿"推广模式，适当提高政府投资公益性建筑、大型公共建筑以及重点功能区内新建建筑中星级绿色建筑建设比例。引导地方制定绿色金融、容积率奖励、优先评奖等政策，支持星级绿色建筑发展。

《"十四五"建筑节能与绿色建筑发展规划》同时明确了"十四五"时期建筑节能与绿色建筑发展九项重点任务：提升绿色建筑发展质量、提高新建建筑节能水平、加强既有建筑节能绿色改造、推动可再生能源应用、实施建筑电气化工程、推广新型绿色建造方式、促进绿色建材推广应用、推进区域建筑能源协同、推动绿色城市建设。结合这九项任务，通过加强标准制定和评价体系建设，采用先进的节能技术和环保、节能、可再生的绿色建材，对现有建筑进行改造升级，推广可再生能源技术应用于建筑领域，提高新建建筑的节能水平，降低能耗和碳排放，从而降低建筑能耗和环境污染，推动建筑行业的可持续发展；采用先进的设计理念和施工技术，推广新型绿色建造方式，通过智慧化、数字化等手段实现对建筑电力系统的优化管理；通过区域协同，从而实现建筑能源的高效利用和共享，提高电力利用效率；通过推动城市规划和建设中的绿色理念，实现城市可持续发展，提高居民生活质量。

为了大力推进绿色建筑发展，我国多个省市出台激励政策，并发放财政补贴。各省市的绿色建筑激励措施主要包括：土地使用权转让、土地规划、财政补贴、税收、信贷、容积率、城市配套费、审批、评奖、企业资质、科研和消费引导等。财政补贴方面，各省市的补贴标准主要基于绿色建筑星级标准、建筑面积、项目类型和项目上限等组合方式。例如上海市规定二星级项目每平方米可获得50元的标识奖励，三星级项目每平方米可获得100元的标识奖励；装配整体式建筑示范项目AA等级每平方米可获得60元，AAA等级每平方米可获得100元。广东省支持推广绿色建筑及建设绿色建筑示范项目，二星级项目每平方米可获得25元的标识奖励，单位项目最高不超过150万元；三星级项目每平方米可获得45元，单位项目最高不超过200万元。江苏省推进全省绿色建筑发展的通知中规定一星级项目每平方米可获得15元的标识奖励，二星级、三星级按一定比例给予配套奖励。

住房和城乡建设部数据显示，截至2022年上半年，中国新建绿色建筑面积占新建建筑的比例已经超过90%，全国新建绿色建筑面积已经由2012年的约400万 m^2 增长至2021年的约20亿 m^2。获得绿色建筑标识项目累计达到2.5万个。2134个绿色建材产品获得认证标识，带动了相关产业的协同发展，也使建筑产业链拉长变宽。住房和城乡建设部将加大建筑节能、绿色建筑和绿色建造推广力度，让"中国建造"贴上绿色标签。

绿色低碳建筑发展恰逢其时，前景广阔。

1.2 绿色低碳建筑

绿色低碳建筑的发展是一个循序渐进的过程。早在20世纪60年代，美国建筑师保罗·索莱里就提出了"生态建筑"的新理念。其后，美国建筑师英·玛哈撰写出版了《设计结合自然》一书，标志着生态建筑学的正式诞生，人们逐渐意识到建筑设计和环境保护之间的紧密联系。到了20世纪70年代，石油危机问题席卷全球，太阳能、地热、风能等各种可再生利用和建筑节能技术应运而生，建筑节能成为主要趋势。这些技术的应用不仅降低了建筑的能耗，还减少了对环境的污染。1980年，世界自然保护同盟（IUCN）、世界野生生物基金会（WWF）和联合国环境规划署联合发表了《里约环境与发展宣言》，首次提出"可持续发展"口号。可持续性发展是指在满足当前需求的同时，不会破坏未来人类和生物的发展和自然资源的可持续性。在实践中，可持续性发展需要关注的方面包括经济、社会、环境等，以促进全球的可持续性。在当今这个快速发展的世界中，可持续发展已经成为各国都需要重视的问题，融入各个领域的发展，也使得绿色低碳建筑发展成为全球性的趋势。

1990年，世界上第一个绿色建筑标准BREEAM在英国发布，标志着绿色建筑评价体系的诞生。此后，中国、美国、加拿大、日本、新加坡等国家和地区纷纷出台了自己的绿色建筑评价标准。其中，美国的LEED是商业上较为成功的绿色建筑评价标准之一。它由美国绿色建筑委员会（USGBC）开发，旨在鼓励建筑业采用环保技术和设计，以减少对环境的影响。LEED认证综合考虑建筑的能源效率和其他因素，例如水和材料使用、室内环境质量和创新设计。2019年3月，我国发布了新版《绿色建筑评价标准》GB/T 50378—2019。相较于2014年和2006年发布的两个旧版本，新版标准将百年建筑、健康建筑、可持续建筑以及装配式建筑等新的建筑理念融入其中，提出绿色建筑要综合考虑环境、生活、持久性和安全性、人们的健康舒适和资源节约等方面。新标准的实施对建筑节能和绿色建筑的发展具有重要的推动作用。

随着全球气候变化和能源紧张局势的加剧，各国政府和相关机构对于建筑领域低碳发展的关注度不断提升。在这种背景下，绿色低碳建筑评价体系也在不断完善，制定更为严格的标准和要求，以推动绿色低碳建筑的发展。同时，企业和个人也开始投资绿色低碳建筑项目，以期在未来获得更高的收益和更好的环保效益。绿色低碳建筑不仅符合可持续发展理念，而且能够提供更加健康、舒适、环保的生活空间。例如它采用更为环保的建筑材料和技术，减少了能源消耗和二氧化碳排放，还能够提高室内空气质量和采光效果，更好地满足人们对于舒适度和健康的需求。

因此，绿色低碳建筑已经成为建筑行业发展的主流趋势。绿色低碳建筑不仅可以降低建筑对环境的影响、提高建筑的能源效率，还可以改善室内空气质量，创造更加舒适、健康的生活和工作环境，对人们的身心健康有积极的影响。未来，随着环保理念的不断普及和人们对环境保护的重视，绿色低碳建筑的前景将更加广阔。

常见的绿色低碳建筑相关概念与理念如下：

1. 节能建筑

节能建筑是指采用各种技术手段来减少能源消耗的建筑，旨在减少对自然资源的依赖并提高能源效率。建筑能耗指建筑在正常使用状态下消耗的能量，主要包括采暖、通风、空调、照明和电梯使用等。建筑能耗受到建筑类型、建筑结构与材料、地理位置与气候等因素影响。例如在寒带地区，由于冬季气温较低，建筑需要大量供暖，因此，建筑的能耗会相应地增加。此外，建筑中使用的设备和设施也会对能耗产生影响，例如采用高效的照明设备和节能型的暖通设备，可以有效地减少建筑的能耗。建筑的建造年代也会影响其能耗，老旧建筑通常需要更多的能源来保持正常运行。

为了实现建筑节能目标，通常采用两大手段：一是被动式手段，即提高围护结构性能，减少冷热负荷，包括采用高效保温材料、改善建筑外墙和窗户的隔热性能、优化建筑朝向和布局等措施。二是主动式手段，即采取措施来提高建筑设备的性能，从而减少能源消耗，包括采用高效节能设备，如节能灯具、节水器具等，以取代传统的能源消耗大的设备；安装智能控制系统，对建筑中的设备进行监控和管理，从而降低能源的浪费；应用可再生能源，如太阳能、风能等，以取代传统的化石能源，从而减少能耗及对环境的污染。

2.超低能耗建筑和近零能耗建筑

超低能耗建筑和近零能耗建筑是在节能建筑的基础上，通过采用更为先进的技术手段和设计理念，取得更为突出的节能效果的高性能建筑。根据住房和城乡建设部发布的《近零能耗建筑技术标准》GB/T 51350—2019，超低能耗建筑和近零能耗建筑是适应气候特征和场地条件，通过被动式建筑设计最大幅度降低建筑供暖、空调、照明需求，通过主动技术措施最大幅度提高能源设备与系统效率，充分利用可再生能源，以最少的能源消耗提供舒适室内环境，且其室内环境参数和能效指标符合相关标准规定的建筑。

《近零能耗建筑技术标准》GB/T 51350—2019对超低能耗建筑和近零能耗建筑的建筑能耗水平做出了规定。其中，超低能耗建筑较《公共建筑节能设计标准》GB 50189—2015和《严寒和寒冷地区居住建筑节能设计标准》JGJ 26—2018、《夏热冬冷地区居住建筑节能设计标准》JGJ 134—2010、《夏热冬暖地区居住建筑节能设计标准》JGJ 75—2012降低50%以上。而近零能耗建筑的建筑能耗水平较《公共建筑节能设计标准》GB 50189—2015和《严寒和寒冷地区居住建筑节能设计标准》JGJ 26—2018、《夏热冬冷地区居住建筑节能设计标准》JGJ 134—2010、《夏热冬暖地区居住建筑节能设计标准》JGJ 75—2012降低至少60%～75%。

3.零能耗建筑

零能耗建筑是一种高级形式的近零能耗建筑。它并不是指建筑物的能耗值为零，而是在近零能耗建筑的基础上，通过充分利用可再生能源，实现了建筑物用能与可再生能源产能的平衡。这种平衡通常是通过使用可再生能源来满足能源需求的，这些能源可以来自建筑周边的可再生能源，也可以来自建筑本身。其中，建筑周边的可再生能源指的是同一业主或物业公司所拥有或管理的区域，这些区域可以通过专用输电线路将可再生能源发电输送至建筑物使用。可以说，零能耗建筑是一种更加环保、更加可持续的建筑形式。

零能耗建筑一词源于美国。2015年9月，美国能源部发布零能耗建筑定义：以一次能源为衡量单位，其输入建筑场地内的能源量小于或等于建筑本体和附近的可再生能源产能量的建筑。欧盟对零能耗建筑的定义为"由场地内或周边可再生能源满足极低或近似零的能量需求的建筑"。日本经济产业省（METI）对零能耗建筑的定义为"采用被动式设计方法，引入高性能设备系统，最大限度降低建筑能耗的同时保证良好的建筑室内环境，充分利用可再生能源，实现建筑能源需求自给自足，年一次能源消费量为零的建筑"。国际能源组织建议在零能耗定义中，应考虑平衡周期、能量边界、衡量指标等因素。

4.绿色建筑

根据《绿色建筑评价标准》GB/T 50378—2019，绿色建筑指的是在全寿命期内，节约资源、保护环境、减少污染，为人们提供健康、适用、高效的使用空间，最大限度地实现人与自然和谐共生的高质量建筑。绿色建筑不仅考虑到建筑本身的节能环保性能，还注重人居环境的舒适性和健康性。通过优化建筑朝向和布局、利用高效节能设备和智能控制系统、可再生能源利用、使用环保材料和产品等，创造更加健康、舒适、安全的室内环境。绿色建筑可以提高人们的生产力和生活质量，并为社会经济发展带来积极影响。

《绿色建筑评价标准》GB/T 50378—2019强调了绿色建筑的五大性能，分别是安全耐久、健康舒适、生活便利、资源节约、环境宜居。其中，安全耐久指的是绿色建筑采用环保材料和技术，具有更好的耐久性和安全性；健康舒适指的是绿色建筑注重室内环境的舒适性和健康性，可以提高人们的生活质量；生活便利指的是绿色建筑设计考虑到人们的生活需求，提供更加便利的生活设施和服务；资源节约指的是绿色建筑采用节能、水资源循环利用等技术手段，可以减少资源消耗和浪费；环境宜居指的是绿色建筑对周围环境影响小，可以减少对自然环境的破坏。

绿色建筑的设计与建造以节约资源、提高资源利用率为目标，是我国建设节约型社会的必然要求。随着全球气候变化和能源紧张局势的加剧，绿色建筑已经成为全球建筑行业发展的主流趋势。绿色建筑的发展促进了新型建筑节能技术的使用与新型环保建筑材料的研发与应用，也促进了相关行业的发展与创新。绿色建筑可降低能源消耗和碳排放，减少环境污染和破坏，提高人们生活质量和健康水平。因此，在未来的发展中，绿色建筑将成为建设美丽中国、实现可持续发展目标不可或缺的重要组成部分。

5. 可持续建筑

可持续建筑强调可持续的发展理念，是指以可持续发展观进行建筑材料与结构、建筑物、建筑群、城市街区和区域尺度的规划。这种规划不仅考虑到建筑本身的功能性和经济性，还注重社会文化和生态因素。可持续发展观是指在满足当前世代需求的基础上，不损害满足未来世代需求的能力，实现经济、社会和环境的协调发展。可持续发展观强调人与自然的和谐共处，注重经济、社会和环境三个方面的平衡发展。在经济方面，可持续发展观主张实现经济增长与资源利用效率的提高相结合；在社会方面，可持续发展观主张实现社会公正、人民福祉和文化多样性；在环境方面，可持续发展观主张实现生态平衡、资源保护和污染防治。可持续发展观是全球绿色低碳发展的重要理念之一，在未来的经济、社会和环境建设中将起到至关重要的作用。

可持续建筑的目的在于减少能耗、节约用水、减少污染、保护环境、保护生态、保护健康、提高生产力、有益于子孙后代。世界经济合作与发展组织（OECD）对可持续建筑提出了四个原则：第一个是资源的应用效率原则，即在建筑设计和施工过程中，应该尽可能地减少材料和能源的浪费，提高资源利用效率。第二个是能源的使用效率原则，即在建筑使用过程中，应该采用高效节能设备和技术手段，降低能源消耗和碳排放。第三个是防止污染原则，包括室内空气质量和二氧化碳排放量等方面。这些污染物对人体健康和环境都有一定的危害性，因此，需要采取相应的措施进行防治。第四个是环境的和谐原则，即在建筑设计、施工和使用过程中，应该注重生态环境保护，并且尽可能地减少对自然环境的破坏。

6.低碳建筑

低碳建筑是指在建筑材料与设备制造、施工建造和建筑物使用的整个生命周期内，减少化石能源的使用，提高能源使用效率，降低二氧化碳等温室气体的排放量。温室气体指的是水蒸气、二氧化碳、大部分制冷剂等能够吸收和辐射地球表面向外辐射的红外辐射，形成"温室效应"，使得地球表面温度升高，从而引起全球气候变化的气体。而建筑的碳排放是指建筑物在整个生命周期内所产生的温室气体排放量，包括建筑材料的制造、建筑物的施工、使用阶段以及拆除和废弃处理等环节所产生的二氧化碳、甲烷和氧化亚氮等温室气体——也就是建筑的碳足迹。碳足迹评估是一种衡量产品、服务或组织在整个生命周期内所产生的温室气体排放量的方法。建筑物的碳足迹评估需要考虑能源消耗、材料使用量、运输距离等因素，从而明确建筑材料的制造、建筑施工、使用阶段以及拆除和废弃处理等环节所产生的温室气体。

从建筑全生命周期物质流过程来看，可采用以下三个方面的措施降低建筑物的碳足迹：第一，在建筑材料的选择和使用环节中，应该尽可能地减少对环境的影响，例如选择可再生材料、回收利用废弃材料等。第二，在建筑施工过程中，应该尽可能地减少能源消耗和碳排放，例如采用节能施工技术、使用清洁能源等。第三，在建筑使用阶段，应该尽可能地减少能源消耗和碳排放，例如采用高效节能设备、推广低碳生活方式等。另外，还可以通过植树等措施使绿化面积增加，以及吸收建筑活动所排放的二氧化碳，这个过程可称为"碳汇"。陆地绿色植物通过光合作用固定二氧化碳的过程，被称为"绿碳"。森林、河湖湿地、草原、农田等都属于"绿碳"范畴。广义的生态碳汇在传统碳汇的基础上，增加了草原、湿地、海洋等多个生态系统对碳吸收的作用。

7.零碳建筑和负碳建筑

零碳建筑是指在整个生命周期内，净能量消耗或净碳排放总量为零的建筑物。这意味着该建筑物所使用的能源全部来自可再生能源，例如太阳能和风能，并且在其整个生命周期内所产生的温室气体排放量为零或被完全抵消。实现零碳建筑需要采用一系列技术和措施，例如高效节能设计、使用清洁能源、推广低碳生活方式等。此外，还需要对建筑材料的选择和使用进行优化，例如选择可再生材料、回收利用废弃材料等。而近期出现的"负碳建筑"新概念指的是采用更高强度的建筑碳汇手段，例如通过植树造林等方式吸收和存储大量的二氧化碳，从而实现建筑物净碳排放总量为负的建筑物。

零碳建筑和负碳建筑对于社会发展的贡献和优势体现在环境保护、经济和社会发展等诸多方面。在环境保护方面，零碳建筑和负碳建筑可以有效降低建筑物对大气环境造成的负面影响，同时促进生态系统恢复和改善生态环境。在经济发展方面，零碳建筑和负碳建筑不仅能够降低建筑物的使用成本，还能够为建筑产业的可持续发展带来新的机遇。此外，零碳建筑和负碳建筑的出现和推广也将为人类社会发展带来积极的影响，提高居民的生活质量，促进社会的可持续发展。

值得注意的是，虽然上述节能建筑、绿色建筑、可持续建筑、低碳建筑、超低能耗建筑、近零能耗建筑、零能耗建筑、零碳建筑等概念各不相同，侧重点存在差异，但它们的核心思想是一致的，即通过减少能源消耗和资源消耗，减少对自然界的破坏，实现可持续发展目标（图1-1）。由于低碳建筑和零碳建筑聚焦建筑物全生命周期（包括建材生产阶段、建筑施工阶段、建筑运营阶段、建筑拆除与回收阶段）的二氧化碳排放量，在实践中具有更强的针对性和可评估性，因而受到越来越多的关注。

减少能源消耗和资源消耗　　减少对自然界的破坏　　实现可持续发展目标

图1-1　可持续发展的共同目标

1.3 自能自适建筑

在碳达峰、碳中和宏伟目标和绿色低碳建筑蓬勃发展的背景下，本书提出自能自适建筑的概念。自能，指的是建筑物自身可以将自然界的一次能源直接加以利用，或者转化为二次能源，供给建筑设备系统运行之用。自适，指的是建筑物可以根据外界环境条件的改变，自发调节传热、传质性能，甚至主动改变建筑构件、表皮和形体的状态，从而在能源与资源消耗总量尽可能少的前提下，保持建筑物的高效运行和室内人员的健康舒适。

传统的建筑物通常是能源的消费者，即需要从外部获取能源才能满足其运行所需，随着清洁能源技术的不断发展和应用，未来建筑有望转型成为"产消者"。伴随社会经济发展和生活水平提高，建筑中的电气设备种类增多、待机时间延长，这大大提高了建筑物的能源消耗强度，并对全社会的能源安全带来挑战。

举例来说，随着电动汽车的普及，建筑设计和规划需要更多地考虑电动汽车充电的基础设施。在过去，建筑师和设计师可以不考虑车辆充电的需求，但现代生活中电动汽车的普及程度越来越高，这意味着建筑物需要更多的充电桩和停车位来适应电动汽车充电的需求，这可能会导致能源消耗的增加。

清华大学江亿院士提出让建筑从单纯的能源消费者转变成能源"产消者"：建筑将从单纯的能源用户转变为集能源生产、消费、调蓄功能"三位一体"的综合体，全面电气化以取代化石能源，提高系统效率以降低能源消耗，提倡分散方式以避免过量供应，发展柔性用电以实现风电、光电的有效消纳。在此基础上，实现建筑由"单纯能源消费者"、刚性用能，向深度参与低碳能源系统构建、调节、成为柔性负载的转变，成为能源"产消者"及未来低碳能源系统中的重要一环。

从"消费者"到"产消者"的转型需要采用一系列先进技术和措施，例如安装太阳能电池板、风力涡轮机等设备来生产清洁能源，并通过智能化系统进行管理和控制；需要优化建筑设计和材料选择，以提高建筑物的节能性和环保性。通过实现"产消者"模式，建筑物可以更加灵活地应对不同情况下的能源需求，并为可持续发展做出贡献（图1-2）。

图1-2　建筑从消费者向产消者转型

目前，低碳绿色建筑技术体系可划分为被动式节能技术和主动式节能技术。

被动式节能技术是指通过建筑本身的设计、材料选择、结构形式等手段来实现节能减排的目的，而不需要依赖主动式设备和系统。这种技术可以在建筑物的整个生命周期内发挥作用，从而降低其能源消耗和温室气体排放量。被动式节能技术策略包括采用高效隔热材料、合理布局建筑空间、优化采光和通风系统等。例如在建筑设计中合理利用自然光线和自然通风，可以减少对人工照明和空调系统的需求，从而降低能源消耗。此外，选择高效隔热材料可以有效地防止室内外温度交换，提高建筑物的保温性能。

主动式节能技术是指通过各种设备和系统来实现节能减排的目的。这种技术需要依靠主动式设备和系统来实现，通常需要进行定期维护和管理。例如提高空调系统的运行效率可以采用分区分时智能控制系统、余热回收等技术手段，从而降低空调系统的能耗；使用节能型LED灯具可以降低照明系统的能耗，并且具有寿命长、光效高等优点。主动式节能技术在建筑物的设计、建造和运营过程中都有广泛应用，可以有效地降低建筑物的总体成本，并为可持续发展做出贡献。

被动式节能技术和主动式节能技术相互补充，共同目的在于"节流"，也即减少建筑物的能源消耗。在实践中，采用被动式节能技术可以降低主动式设备和系统的用能需求，从而降低建筑物的总体能耗与碳排。同时，采用主动式节能技术可以进一步提高建筑物的能源利用效率，并为可持续发展做出贡献。

同时，建筑产能系统相当于一个"负能耗系统"，其效果相当于"开源"。只有"开源"和"节流"双管齐下，才能取得更好的建筑节能低碳效果，减少由于化石能源燃烧发电而产生的温室气体排放和空气污染等问题。为了达到"开源"目的，可以考虑在建筑本体被动式设计的基础上增加若干要求（图1-3）：

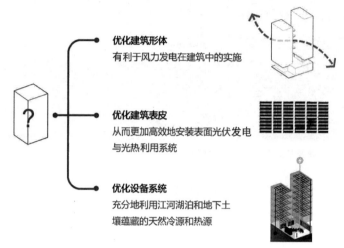

优化建筑形体
有利于风力发电在建筑中的实施

优化建筑表皮
从而更加高效地安装表面光伏发电与光热利用系统

优化设备系统
充分地利用江河湖泊和地下土壤蕴藏的天然冷源和热源

图1-3　建筑形体、表皮和设备系统的优化路径

——怎样优化建筑形体，改变建筑物的外形、高度、朝向等来提高其捕捉风能的能力，有利于风力发电在建筑中的实施；

——怎样优化建筑表皮，选择适当的材料、设计合理的结构和平面布局，从而更加高效地安装表面光伏发电与光热利用系统；

——怎样优化建筑设备系统、设计合理的管路，从而更加充分地利用江河湖泊和地下土壤蕴藏的天然冷源和热源，提高效率。

上述内容是未来建筑的"自能"性能提升发展方向。

在过去和现在使用的建筑物中，绝大多数的围护结构和建筑构件都是固定不动的。而这些固定不动的建筑结构，通常难以适应不同季节、天气和使用需求的变化。在传统的建筑设计中，通常的气候适应做法是：根据当地的气候特征，确定能够适应大多数时间室外气象参数的建筑方案。

我国幅员辽阔，地形复杂。由于地理纬度、地势等条件的不同，各地气候相差悬殊。炎热地区的建筑需要遮阳、隔热和通风，以防室内过热；寒冷地区的建筑则要防寒和保温，让更多的阳光进入室内。为了明确建筑和气候两者的科学关系，《民用建筑设计统一标准》GB 50352—2019以1月平均气温、7月平均气温、

7月平均相对湿度为主要指标；以年降水量、年日平均气温低于或等于5℃的日数和年日平均气温高于或等于25℃的日数为辅助指标，将全国划分为7个主气候区和20个子气候区，并对各个子气候区的建筑设计提出了不同的要求（表1-1）。

《民用建筑设计统一标准》GB 50352—2019中的气候分区　　　　表1-1

建筑气候区划名称		热工区划名称	建筑气候区划主要指标	建筑基本要求
Ⅰ	ⅠA ⅠB ⅠC ⅠD	严寒地区	1月平均气温≤-10℃ 7月平均气温≤25℃ 7月平均相对湿度≥50%	（1）建筑物必须充分满足冬季保温、防寒、防冻等要求； （2）ⅠA、ⅠB区应防止冻土、积雪对建筑物的危害； （3）ⅠB、ⅠC、ⅠD区的西部，建筑物应防冰雹、防风沙
Ⅱ	ⅡA ⅡB	寒冷地区	1月平均气温-10℃～0℃ 7月平均气温18℃～28℃	（1）建筑物应满足冬季保温、防寒、防冻等要求，夏季部分地区应兼顾防热； （2）ⅡA区建筑物应防热、防潮、防暴风雨，沿海地带应防盐雾侵蚀
Ⅲ	ⅢA ⅢB ⅢC	夏热冬冷地区	1月平均气温0℃～10℃ 7月平均气温25℃～30℃	（1）建筑物应满足夏季防热、遮阳、通风降温要求，并应兼顾冬季防寒； （2）建筑物应满足防雨、防潮防洪、防雷电等要求； （3）ⅢA区应防台风、暴雨袭击及盐雾侵蚀； （4）ⅢB、ⅢC区北部冬季积雪地区建筑物的屋面应有防积雪危害的措施
Ⅳ	ⅣA ⅣA	夏热冬暖地区	1月平均气温＞10℃ 7月平均气温25℃～29℃	（1）建筑物必须满足夏季遮阳、通风、防热要求； （2）建筑物应防暴雨、防潮、防洪、防雷电； （3）ⅣA区应防台风、暴雨袭击及盐雾侵蚀
Ⅴ	ⅤA ⅤB	温和地区	1月平均气温0℃～13℃ 7月平均气温18℃～25℃	（1）建筑物应满足防雨和通风要求； （2）ⅤA区建筑物应注意防寒，ⅤB区应特别注意防雷电
Ⅵ	ⅥA ⅥB	严寒地区	1月平均气温0℃～-22℃ 7月平均气温＜18℃	（1）建筑物应充分满足保温、防寒、防冻的要求； （2）ⅥA、ⅥB区应防冻土对建筑物地基及地下管道的影响，并应特别注意防风沙； （3）ⅥC区的东部，建筑物应防雷电
	ⅥC	寒冷地区		
Ⅶ	ⅦA ⅦB ⅦC	严寒地区	1月平均气温-20℃～-5℃ 7月平均气温≥18℃ 7月平均相对湿度＜50%	（1）建筑物必须充分满足保温、防寒、防冻的要求； （2）除ⅦD区外，应防冻土对建筑物地基及地下管道的危害； （3）ⅦB区建筑物应特别注意积雪的危害； （4）ⅦC区建筑物应特别注意防风沙，夏季兼顾防热； （5）ⅦD区建筑物应注意夏季防热，吐鲁番盆地应特别注意隔热、降温
	ⅦD	寒冷地区		

以夏热冬暖地区为例，建筑物的基本要求为满足夏季防热、遮阳、通风、防雨要求，并没有提出针对冬季气候条件的要求。值得注意的是，随着人民群众生活水平的普遍提高，夏热冬暖地区的建筑物使用者在冬季的取暖需要，也可能成为对建筑的刚性需求。同时，考虑到昼夜温差和阴晴雨雪，建筑物在一天之内的采光、遮阳、隔热、保温等性能，也可能存在调节需要。

因此，在未来的建筑设计中，可以考虑利用可调节、变形、收放、折叠的围护结构和建筑构件，充分兼顾夏季隔热和冬季保温、午间遮阳和早晚采光等需要，营造更加健康、舒适的室内光热环境（图1-4）。例如采用可调节遮阳板，根据太阳高度角自动调整遮阳效果；采用可变形外墙，根据季节或天气变化自动调整保温效果。

上述内容是未来建筑的"自适"性能提升发展方向。

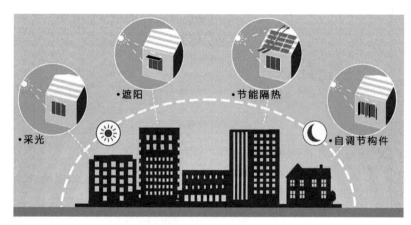

图1-4 未来建筑的"自适"性能提升

1.4 本书主要内容

本书从提升未来建筑的绿色、低碳、舒适、健康性能角度出发，提出自能自适建筑这一概念，并介绍相关技术的研究进展与未来展望。这些技术的综合运用与优化有望提升建筑自能自适性能与绿色低碳属性，提高使用者的舒适健康度与幸福满足感，增强未来城市的韧性安全与可持续发展水平。

本书共分为6个章节，主要内容如下：

第1章介绍绿色低碳建筑发展背景与现状，并引出自能自适建筑概念；

第2章介绍建筑自能技术，包括太阳能光热利用、光伏发电技术、风力发电技术、地热能及生物质能等在建筑中的应用策略及发展前景；

第3章介绍建筑自适技术，包括自然采光、自然通风、太阳能蓄热取暖、天空辐射制冷技术等在建筑中的应用形式、研究现状及展望；

第4章介绍"光储直柔"建筑灵活用能技术，包括建筑储能、直流供电、柔性用电等前沿科技的研究进展与实践案例；

第5章介绍两种典型建筑自能自适技术的研究案例，分别是主动式液体遮阳窗和太阳能吸热水流遮阳窗；

第6章介绍有望实现建筑自能自适的新型建筑材料与结构，以及相关技术的研究现状与未来发展方向。

CHAPTER

2

建筑自能技术

建筑自能，指的是建筑物自身可以将自然界的一次能源直接加以利用，或者转化为二次能源，供给建筑设备系统运行之用。建筑自能是一种可持续发展的建筑方式，旨在利用可再生能源来满足建筑物的能源需求，从而减少对化石燃料的依赖，并减少建筑对环境的负面影响。建筑自能可以通过使用太阳能光热系统、光伏发电、风力发电、地源热泵等技术来实现。

2.1 太阳能光热利用

2.1.1 太阳能资源

太阳能是来自太阳的、由太阳内部氢原子发生氢氦聚变释放出巨大核能而产生的辐射能量。因其具有清洁可再生、无污染、覆盖面广、应用形式多样等优点，所以已经成为近年来国内外能源发展利用的热点。事实上，人类所需能量的绝大部分都直接或间接地来自太阳，而广义的太阳能也包括地球上的风能、生物质能等。

——风能是由于太阳辐射造成地球表面各部分受热不均匀，引起大气层中压力分布不平衡，在水平气压梯度的作用下，空气沿水平方向运动形成的。

——生物质能是植物通过光合作用吸收二氧化碳、释放氧气，并将太阳能转化成化学能储存下来形成的。生物质能可分为三类：固体生物质（包括木材、废纸、植物秸秆和植物残渣等）、液体生物质（包括生物柴油和乙醇等）和气态生物质（包括沼气等）。

——煤炭、石油、天然气等化石燃料是由古代埋在地下的动植物经过漫长的地质年代演变形成的能源，所以其能量本质上也来自太阳。这些化石燃料是人类社会发展过程中最重要的能源之一，广泛应用于工业、交通、生活等各个领域。然而，这些化石燃料的开采和使用也带来了严重的环境问题，如大气污染、水土流失等。因此，在实现可持续发展的过程中，需要逐步减少对化石能源的依赖，并加快推进清洁能源替代。

为了与其他类型的可再生能源及化石能源相区分，本节的太阳能指的是狭义的太阳能，即到达地球表面的太阳辐射能。

太阳能是典型的可再生能源，对于人类而言是永久的、无限的、广泛的。整个地球表面几乎都被太阳光普照。每年到达地球表面的太阳辐射能量大约为130万亿t标准煤，相当于目前全世界每年所消耗的各种能量总和的1万倍。

太阳能是安全可靠的洁净能源，不排放污染气体和有害物质，其开发和利用不受开采、运输和储存条件的限制。我国土地面积广阔，太阳辐射能源比较富足，依据接收太阳辐射照度的不同可划分为五类区域（表2-1）。

我国太阳能资源五类区域 表2-1

类型	区域	年均日照时数（h）	年辐射总量（kJ/cm^2）
一类地区	青藏高原等地	3200～3300	（670～837）×10^4
二类地区	河北北部等地区	3000～3200	（586～670）×10^4
三类地区	山东等地区	2200～3000	（502～586）×10^4
四类地区	长江中下游等地区	1400～2200	（419～502）×10^4
五类地区	四川、贵州两省等地区	1000～1400	（335～419）×10^4

虽然太阳能的能量巨大，但是能量密度不高，需要从很大的面积上把太阳能收集起来。所以，太阳能光热、光电转化系统需要占用较大的场地或面积——这是太阳能利用面临的主要挑战之一。为了解决这个问题，科学家和工程师们采用各种新技术，优化系统设计、改进材料性能，以提高太阳能转化及利用效率，并在建筑设计和城市规划中采用一些创新性的设计方法，如在建筑外墙、屋顶、窗户等位置安装太阳能光伏板或热水器，以最大限度地利用有限的空间资源。

由于地球的自转和天气的变化，太阳能具有非常明显的间歇性和不稳定性，所以通常需要为太阳能系统配置辅助能源或储能装置。在太阳能光热系统中，利用水等为媒介将太阳能以热能的形式加以蓄积；在太阳能光伏发电系统中，采用电池组等储能装置将电能进行存储。同时，科学家们也在探索更加灵活的储能技术，如利用电解水制氢将太阳能光伏系统所发的电能转化为氢能；然后在需要时，再将氢气转化为电能或热能，从而实现太阳能的长期储存和随时使用，具有广泛的应用前景和重要的战略意义。

建筑中的太阳能热利用，可以追溯到最早的人类建筑。通过优化朝向、选择合适的材料和颜色等方式来最大限度地利用或反射太阳辐射，提高建筑能效和舒适性。国内外的传统建筑对太阳能热量的利用一般是通过特定朝向、深颜色（浅颜色）的建筑结构外表面来实现更多（更少）的太阳辐射热量吸收。

例如，人类很早就发现太阳光是有方向性的，所以在建房时非常注意房子的朝向。在传统院落布局中，经常设置天井将太阳光引入院落内部，实现自然采光和日光采暖。在寒冷地区，人们通常会选择黑色或深灰色等暗色调来作为建筑外表面的颜色，这样可以更好地吸收太阳能，并将其转化为热量来提高室内空间的温度。在阳光强烈的地区，人们则会选择白色或浅灰色等浅色调来作为建筑外表面的颜色，这样可以更好地反射太阳能，并减少室内空间受到太阳辐射而产生过多热量。在我国，北方地区常用褚红色、青灰色等深色，而南方温暖地区的墙常刷为白色等浅色。这些传统建筑对太阳能的利用经验为现代建筑的节能低碳设计提供了有益的启示和借鉴。

2.1.2 被动式太阳能热利用

在现代建筑中，太阳能的光热利用可以分为被动式和主动式。其中，被动式太阳能热利用是指通过建筑物朝向和周围环境的合理布置，内部空间和外部形体的巧妙处理，以及建筑材料、节点构造的恰当选择，以自然热交换方式，在冬季集取、保持、储存、分布太阳热能，解决建筑物的采暖问题。被动太阳能供暖不在建筑物上另外附加设备/系统，是一种仅依靠建筑物自身利用太阳能的供暖方式。根据住房和城乡建设部发布的《太阳能供热采暖工程技术标准》GB 50495—2019，在集热墙等被动太阳能集热部件中设置小功率风机、以强化对流换热的措施，仍被视为被动太阳能供暖方式。

被动式太阳能热利用主要可分为如下三种类型：

1. 直接受益式（图2-1）

直接受益式太阳能热利用是让太阳辐射通过透光材料直接进入室内的采暖形式。在冬季，阳光通过较大面积的南向玻璃窗，直接照射到室内。地面、墙壁和家具吸收部分太阳辐射后温度升高，剩余部分太阳辐射被反射到室内的其他表面，再次被吸收和反射。被围护结构内表面吸收的太阳能，一部分以辐射和对流的方式在室内空间传递，另一部分在地面、墙壁和家具内部蓄热。

地面、墙壁和家具所蓄积的热量在周围环境温度降低时逐渐释放出来，使房间在晚上和阴天也能保持相对温暖，减少建筑供暖负荷。直接受益式太阳能热利用不仅可以减少能源消耗和环境污染，还可以提高建筑的采光性和美观度。但需要注意的是，应根据当地气候条件和建筑设计来选择合适的透光材料和窗户面积，以确保室内热环境的稳定性与舒适性。

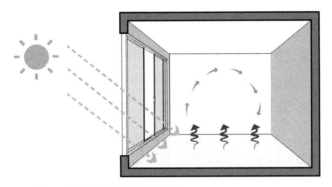

图 2-1　直接受益式太阳能热利用

2.集热墙式（图2-2）

集热墙式太阳能热利用是利用覆盖有玻璃等透明盖板的深色蓄热墙体实现的。阳光照射到深色蓄热墙体上，加热透明盖板和厚墙外表面之间的夹层空气；在热压作用下，空气流入室内，实现向室内供热。同时，也有部分热量通过墙体本身的热传导和内表面的热对流，进入室内。剩余的一部分热量储存在墙体内部，并在夜间释放到室内。

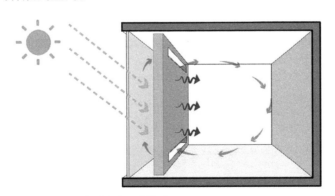

图 2-2　集热墙式太阳能热利用

集热墙式太阳能热利用技术非常适用于我国北方太阳能资源丰富、昼夜温差比较大的地区。通过集热墙式太阳能热利用，能够将阳光转化为热能，从而大大改善该地居民的居住环境。在我国西藏、新疆等地，集热墙式太阳房已经得到了广泛应用，并取得了显著的经济、社会和环境效益。

3.附加阳光间式（图2-3）

附加阳光间式太阳能热利用是直接受益式和集热墙式太阳能利用的融合技术。将阳光间附建在房子南侧，中间用一堵墙（带门、窗或通风孔）把房子与阳光间隔开。在日间，附加阳光间内的温度比室外温度高，既可以间接地将太阳辐射热能提供给相邻房间，又可作为缓冲区减少房间的热损失。当阳光间内空气温度大于相邻的房间温度时，可打开墙上的门、窗或通风孔，将阳光间的热量以对流的形式传入相邻房间，其余时间则关闭门、窗或通风孔，以维持相邻房间的温暖环境。

附加阳光间式太阳能热利用可以在保留原有建筑结构的前提下，为房屋提供更多的采光和热量。因而，附加阳光间式太阳能热利用技术既适用于新建建筑，也适用于既有老旧非节能建筑的节能改造。

为了实现更为高效的被动式太阳能采暖，提升室内热环境的舒适性，可以将以上几种基本类型的太阳能热利用技术进行组合。例如，直接受益式太阳能热利用和集热墙式太阳能热利用两种形式可以进行结合，兼顾白天自然采光和全天太阳能取暖。

对具有集热蓄热功能的建筑结构，例如外表面有玻璃盖板的特伦布墙，其表面涂层的吸收率应大于0.85，以保证集热蓄热部件的使用效果。同时，为保证良

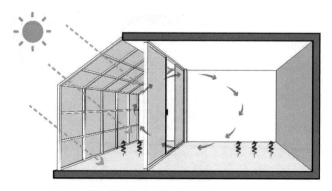

图2-3 附加阳光间式太阳能热利用

好的蓄热效果，构筑物主体材料应具有较大的体积热容量及导热系数。密度大的重型材料体积热容量较大，如砖墙、混凝土墙等。对于接收辐射表面与室外空气直接接触的集热蓄热部件，其作为围护结构的一部分，需在满足建筑设计效果，以及建筑节能标准的前提下，综合考虑表面涂层吸收率、导热性能等参数。

同时，被动太阳能集热蓄热部件通过吸收太阳辐射，并向室内提供热量。对于夏季有供冷需求的建筑，这部分得热量增大了建筑冷负荷，因此，应合理设计对流散热或遮阳装置，在夏季避免太阳辐射热量进入室内。

2.1.3 主动式太阳能热利用

与被动式太阳房相反，主动式太阳能建筑利用集热器、热交换器、管道和水泵（或风机）等设备设施，以水及其他类型的流体（或空气）等为热媒，将太阳辐射能转化为热能，并加以利用。实践中，系统设计和设备类型应根据所在地区气候、太阳能资源条件、建筑物类型、建筑物使用功能、业主要求、投资规模、安装条件等因素确定。

太阳能热水系统（图2-4）是太阳热能应用发展中最具经济价值、技术最成熟的一种技术，既可提供生产和生活用热水，又可作为其他太阳能利用形式的冷热源，在我国城市与乡村各类型建筑中得到了广泛应用。太阳能热水系统通常由集热器、保温水箱、连接管路等组成。其工作原理是：利用太阳能集热器采集太阳热量，实现将太阳辐射转化为热能；通过循环泵将热量以热水的形式传输到保温水箱中；直接使用热水，或根据需要利用电力、燃气、燃油等能源将热水

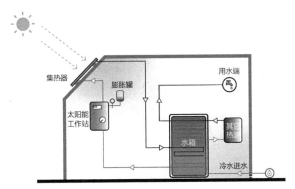

图 2-4 太阳能热水系统

进一步加热到合适温度。

太阳能热水系统主要由集热器、保温水箱和连接管路构成。

1.集热器

集热器是太阳能热水系统中的集热构件，主要分为真空管型太阳能集热器和平板型太阳能集热器。集热器选型应根据施工安装、操作使用、运行管理、部件更换和维护等要求进行，并应安全、可靠、适用、经济、美观。

真空管型太阳能集热器（图2-5）广泛用于建筑屋面或高层住宅的阳台式太阳能热水器，其关键组件是真空管。真空管主要由内部吸热管、外部玻璃管、真空夹层和选择性吸收涂层构成。"真空"指的是在内管与外管中间抽走空气，形成真空状态，可有效抑制内外管之间发生空气对流传热，降低散热损失。

图2-5　真空管型太阳能集热器（拍摄于某节能示范建筑屋面）

真空管的材质主要有玻璃和金属两种。全玻璃真空管出现较早，其内外管均由玻璃制成，同时在内管的外表面处附有选择性吸收涂层。这种真空管具有结构简单、制造工艺成熟等优点，但其承压性和耐高温性相对较弱。金属 - 玻璃真空管出现较晚，其内管采用带有吸收涂层的金属圆管。与全玻璃真空管相比，金属 - 玻璃真空管具有较强的承压性以及工作温度耐受高等优点。

平板型太阳能集热器具有结构简单、性能稳定、造价较低、采光面积大并且可以承受较大压力等优点，能够实现集热器与建筑本体相融合，美观性较好。平板型太阳能集热器通常由四部分组成，分别为吸热板、盖板、保温隔层以及集热器外壳。吸热板由排管和集管构成,材料一般为铜。排管布设在吸热板上并组成流道,集管横向布设在吸热板的顶端和底部,组成流体通路。吸热板表面接收到太阳辐射能量后,将热量传给管路中的循环工质。盖板大多是采用强化玻璃制作而成,作用是减少吸热板与外界进行热量交换而产生的热量损失。保温隔层的作用也是减少热损失,所用材料导热损失小、可承受高温、不易分解或变形,并且方便安装,常用材料有聚氨酯泡沫、岩棉及聚苯乙烯等。集热器外壳用于将其他三个部分固定成一个整体,一般采用具有较强的承重能力且耐腐蚀的铝钛合金板、玻璃钢等材料。

除了常见的真空管型太阳能集热器和平板型太阳能集热器,聚光型太阳能集热器(图2-6)也可以用于建筑太阳能热利用,但比较少见。聚光型太阳能集热器是一种利用反射镜或透镜将太阳光线聚焦到一个小区域的设备,以产生高温。这种集热器通常由一个反射面和一个吸收面组成,反射面可以是平面或曲面,而吸收面通常涂有黑色吸热涂料。当太阳光线通过反射镜或透镜聚焦到吸收面上时,它们被转化为热能,并且可以用于加热水或发电。聚光型太阳能集热器通常用于工业过程中需要高温的应用,例如冶金、化学和制造业等领域。聚光型太阳能集热器具有高效、高温、小体积等优点,但也存在一些使用限制,如对太阳位置和角度的追踪精度要求较高、难以适应阴天和云雾天气等。

太阳能供热采暖系统中的太阳能集热器的性能应符合现行国家标准《平板型太阳能集热器》GB/T 6424—2021或《真空管型太阳能集热器》GB/T 17581—

图2-6　聚光型太阳能集热器(拍摄于某节能示范建筑屋面)

2021的相关规定，正常使用寿命不应少于15年。其余组成设备和部件的质量应符合国家现行相关标准的规定，并应根据建设地区和使用条件采取防冻、防结露、防过热、防雷、防雹、抗风、抗震和电气安全等技术措施。

2.保温水箱

保温水箱是储存热水的容器，可将集热器在阳光猛烈时产出的热水储存起来，供有需要时、阴天或夜晚使用。保温水箱内储存的是热水，设计时会根据储水温度提出对材质、规格的要求，因此，要求施工单位在购买或现场制作安装时，应严格遵照设计要求。保温水箱的结构由内至外分别为水箱内胆、保温层和水箱外壳。

水箱内胆是储存热水的重要部分，其材料强度和耐腐蚀性至关重要，一般由不锈钢或塑料等材料制成。钢板焊接的保温水箱容易被腐蚀，所以特别强调按设计要求对水箱内、外壁的防腐处理，为确保人身健康，同时要求内壁防腐涂料应卫生、无毒，且能长期耐受所储存热水的最高温度。水箱内胆的外层为保温层，通常由聚氨酯泡沫、玻璃纤维等材料制成。外壳用于保护内胆和隔热材料，通常由金属或塑料等材料制成。部分保温水箱中还设有温度传感器和加热器，用于测量水温及加热水。

储热水箱内的热水存在温度梯度，水箱顶部的水温高于底部水温；为提高太阳能集热系统的效率，从储热水箱向太阳能集热系统的供水温度应较低，所以该条供水管的接管位置应在水箱底部；根据具体工程条件，生活热水和供暖系统对供水温度的要求是不同的，应在储热水箱相对应适宜的温度层位置接管，以实现系统对不同温度的供热／换热需求，提高系统的总效率。

3.连接管路

连接管路是将热水从集热器输送到保温水箱，将冷水从保温水箱输送到集热器的通道。连接管路使整套系统形成一个闭合的环路。设计合理、连接正确的循环管道对太阳能系统的工作状态至关重要。

一般来说，为了提高太阳能的利用效率，热水管道在安装时需要进行保温防冻处理。这是因为在管道传输过程中，热量会不断地散失，导致热水温度下降，影响使用效果。而通过对管道进行保温处理，可以减少热量的损失，提高热水的传输效率。在寒冷的冬季，管道内部可能结冰并造成管道破裂或堵塞等问题。因此，采用聚氨酯泡沫、玻璃纤维等材料对管道进行包裹保温，并在外层覆盖一层防护材料以增强耐久性和防护性能，可以有效地延长太阳能系统的使用寿命，并减少能源浪费和维修成本。

按照太阳能热水系统在建筑中的集成度，太阳能热水系统形式分为分散式太阳能热水系统，集中式太阳能热水系统和集中-分散式太阳能热水系统。

（1）分散式太阳能热水系统的集热器与储热水箱均是分散放置的，分别供给用户所需要的生活热水。住宅建筑中多使用分散式太阳能热水系统，其优点是控制方式简便，户与户之间互不影响。

（2）集中式太阳能热水系统的集热器和水箱是统一安放在一起的，供给全部用户所需的生活热水。集热器一般统一布置在建筑最高处（如楼顶），保温水箱则可以布置在屋顶或地下车库等位置。集中式太阳能热水系统的热水供给系统中全部用户共同使用，热水的利用率更高，更加适用于宿舍类型的建筑。

（3）集中-分散式太阳能热水系统的集热器是统一安放的，并在各用户室内装配带有辅助电（或燃气）加热的储热水箱，根据自身需求自行使用。天气不好或热水需求量大时，可启动辅助电（或燃气）加热器加热水箱中的水，以提供适宜温度的生活热水。

2.1.4 太阳能热利用相关规定

2008年，国务院发布的《民用建筑节能条例》就已经明确鼓励和扶持在新建建筑和既有建筑节能改造中采用太阳能、地热能等可再生能源。其中，第四条规定：在具备太阳能利用条件的地区，有关地方人民政府及其部门应当采取有效措施，鼓励和扶持单位、个人安装使用太阳能热水系统、照明系统、供热系统、采暖制冷系统等太阳能利用系统。

2022年1月20日，国家能源局发布《2022年能源行业标准计划立项指南》。其中，"太阳能"领域的重点方向包括"太阳能热利用"等。2022年2月10日，《国家发展改革委 国家能源局关于完善能源绿色低碳转型体制机制和政策措施的意见》（发改能源〔2022〕206号）指出：完善建筑绿色用能和清洁取暖政策。完善建筑可再生能源应用标准，鼓励光伏建筑一体化应用，支持利用太阳能、地热能和生物质能等建设可再生能源建筑供能系统。

2022年6月30日，住房和城乡建设部、国家发展改革委印发的《城乡建设领域碳达峰实施方案》明确提出，在太阳能资源较丰富地区及有稳定热水需求的建筑中，积极推广太阳能光热建筑应用；推进绿色低碳农房建设，提升农房绿色低碳设计建造水平，提高农房能效水平，到2030年建成一批绿色农房，鼓励建设星级绿色农房和零碳农房；因地制宜推广太阳能暖房等可再生能源利用方式；推广应用可再生能源，推进太阳能、地热能、空气热能、生物质能等可再生能源在乡村供气、供暖、供电等方面的应用；充分利用太阳能光热系统提供生活热水，鼓励使用太阳能灶等设备。

我国部分省份及城市也已出台建筑太阳能热利用的相关规定。例如根据《西安市民用建筑太阳能热水系统应用技术规范》DBJ61 70—2012要求，自2013年3月1日起，西安市新建、改建和扩建的民用建筑必须采用太阳能热水系统，并与建筑统一规划、同步设计、同步施工、同步验收。其中，居住建筑特指住宅、商住楼的住宅部分、公寓、老年公寓、别墅及职工宿舍、职工公寓、学生宿舍、学生公寓等；公共建筑特指医院住院楼、康复中心、疗养院、宾馆、旅馆、招待所、有住宿功能的饭店、酒店等。天津市于2018年发布《天津市民用建筑太阳能热水系统应用技术标准》DB/T 29—250—2018，充分考虑了天津地域特征和气候条件等因素，从技术的角度解决太阳能热水系统建筑一体化问题，进一步规范建筑太阳能热水系统的设计、安装、验收、检测和运行管理。

2.2 太阳能光伏发电技术

2.2.1 光伏发电技术原理

光伏发电是利用太阳能电池材料的光生伏特效应，将光能转化为电能的一种清洁发电技术。早在1839年，法国科学家贝克雷尔就发现光照能使半导体材料的不同部位之间产生电位差。这种现象后来被称为"光生伏特效应"（以下简称

"光伏效应"）。由于光伏发电具有清洁、可再生、无噪声等优点，目前已经在全球范围广泛应用。

以光伏产业常用的半导体硅原料为例，硅原子有4个外层电子，如果在纯硅中掺入有5个外层中子的原子（如磷原子），就成为N型半导体；若在纯硅中掺入有3个外层电子的原子（如硼原子），则形成P型半导体。N型半导体和P型半导体构成PN结。太阳光照在半导体PN结上，形成新的空穴–电子对，在PN结电场的作用下，空穴由N区流向P区，电子由P区流向N区，接通电路后就形成电流（图2-7）。

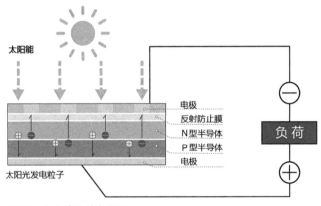

图2-7 光生伏特效应原理

单晶硅太阳能电池是利用硅半导体材料的光生伏特效应将太阳能转化为电能，具有高效、可靠、长寿命等优点。1954年，美国科学家恰宾和皮尔松在贝尔实验室首次制成了光电转化效率为4.5%的单晶硅太阳能电池。这一发明被认为是现代光伏技术发展的重要里程碑，为后来的太阳能发电技术研究和产业发展奠定了基础。

20世纪70年代后，随着现代工业的发展，全球能源危机和大气污染问题日益突出。传统的化石能源不仅资源有限，而且使用过程中伴随着大量的二氧化碳等温室气体排放，对环境造成了严重影响。因此，全世界开始将目光投向了可再生能源，希望改变能源结构，维持长远的可持续发展。在政策、技术、市场等多方面的支持下，光伏技术逐渐受到人们的关注和重视，相关产业快速发展。

自20世纪80年代以来，随着技术的不断进步和市场需求的不断增加，太阳能电池的种类增多、应用范围日益广阔、市场规模逐步扩大。除了传统的大规模光伏发电场，人们还将太阳能发电技术应用于建筑表面，形成了光伏建筑这一新的应用领域。在光伏建筑中，太阳能电池组件可以作为墙面、屋顶、遮阳板等部件进行安装，将太阳能转化为电能供给建筑使用。通过集成光伏发电系统与建筑外部结构，光伏建筑实现建筑节能降耗，是实现绿色低碳建筑的重要手段之一。

2.2.2 光伏电池和光伏组件

光伏电池是光伏发电系统的底层核心元素，其作用是将入射到表面的部分太阳能转化为电能。按照材料差异，光伏电池主要分为单晶硅光伏电池、多晶硅光伏电池、非晶硅光伏电池、铜铟硒光伏电池、砷化镓光伏电池、聚合物光伏电池等（图2-8）。

单晶硅光伏电池和多晶硅光伏电池是目前应用最为广泛的两种类型。单晶硅光伏电池具有高效率、长寿命等优点，但成本较高；而多晶硅光伏电池则具有成本低廉的优势，但效率相对较低。非晶硅光伏电池则具有柔性和轻薄的特点，适用于一些特殊场合。铜铟硒、砷化镓和聚合物等新型材料的研究也在不断深入，并取得了一定的进展。

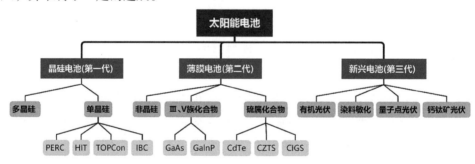

图 2-8　光伏电池分类

1.单晶硅光伏电池及组件

单晶硅光伏电池以高纯的单晶硅硅棒为原料制成，具有转换效率高、工作寿命长、稳定性较好等优点。单晶硅光伏电池的制造过程比较复杂，主要步骤包括：制备单晶硅（通过化学气相沉积、单晶生长炉等方法，将高纯度硅棒加热熔化，然后缓慢降温，使其形成单晶硅体）；切割硅片（将制备好的单晶硅切割成薄片）；表面处理（对硅片表面进行化学或物理处理，以去除杂质和氧化层，并形成微结构，或利用发射区钝化、分区掺杂等技术提高转化效率）；染色（在硅片表面涂覆一层减反射膜，以提高光吸收效率）；分区掺杂[在硅片表面局部加入掺杂剂（如磷、硼等），形成PN结]；金属化（在硅片两侧涂覆金属电极，以收集电荷并输出电流）。

由于单个光伏电池功率较低，无法满足实际需要，因此，需要将多个太阳能电池组合在一起，以增加功率输出。将多个太阳能电池以串联和/或并联的形式组合在一起，就构成了光伏组件。光伏发电系统的基本构成单元就是光伏组件（图2-9）。

图 2-9 单晶硅光伏组件外观

将晶硅光伏电池加工为晶硅组件的工艺流程主要包括：

（1）电池测试：通过测试电池的输出参数（电流和电压）的大小对其进行分类，以提高电池的利用率，做出质量合格的电池组件。

（2）正面焊接：将汇流带焊接到电池正面（负极）的主栅线上。

（3）背面串接：将电池串联在一起形成一个组件串。

（4）层压敷设：背面串联好且经过检验合格后，将串接电池片、玻璃和切割好的EVA、玻璃纤维、背板按照一定的层次敷设好，准备层压。敷设层次由上向下依次是：玻璃、EVA、电池、玻璃纤维、背板。

（5）组件层压：将敷设好的电池放入层压机内，通过抽真空将组件内的空气抽出，然后加热使EVA熔化并将电池、玻璃和背板粘接在一起；最后冷却取出组件。层压工艺是组件生产过程中的关键一步，层压温度、层压时间根据EVA性质决定。

（6）修边：层压时EVA熔化后由于压力而向外延伸固化形成毛边，所以层压完毕应将其切除。

（7）装框：类似于给玻璃装镜框一样给玻璃组件装铝合金框，增加组件的强度，进一步地密封电池组件，延长电池的使用寿命。边框和玻璃组件的缝隙用聚硅氧烷树脂填充，各边框间用角键连接。

（8）焊接接线盒：在组件背面引线处焊接太阳能接线盒，以实现太阳电池组件与其他设备或组件间的连接。

（9）组件测试：对电池的输出功率进行标定，测试其输出特性，确定组件的质量等级。太阳电池组件参数测量的内容包括绝缘电阻、高压测试、振动、冲击检测、冰雹实验等。

2.多晶硅光伏电池

多晶硅光伏电池是以多晶硅材料为基体的光伏电池。相比于单晶硅光伏电池，多晶硅光伏电池的制造工艺简单，成本较低。由于多晶硅片是多个微小的单晶组合，缺陷与杂质较多，因而多晶硅电池的转换效率低于单晶硅电池。

多晶硅光伏电池的制作流程主要包括如下步骤：首先，将高纯度的硅石加热至高温状态，然后通过冷却过程形成多晶硅块；其次，将多晶硅块切割成薄片，并在表面涂覆磷酸盐等材料进行扩散处理，形成PN结构；最后，在多晶硅片表面涂覆金属电极，准备进行光伏组件封装。

3.非晶硅光伏电池

非晶硅光伏电池是一种薄膜电池，采用非晶态硅制成。与单晶硅和多晶硅光伏电池相比，非晶硅光伏电池的工艺制造过程大大简化。非晶硅光伏电池的厚度仅为1μm，是单晶硅光伏电池的1/300。由于使用的硅材料更少，非晶硅光伏电池在生产过程中的单位电耗也降低了很多。

虽然非晶硅光伏电池的效率相对较低，但其具有柔性好、轻薄便携、适应性强等优点，适用于弱光条件等特殊场合。在高温环境下，非晶硅光伏电池的发电效率相对稳定，不会像单晶硅和多晶硅光伏电池那样出现明显的功率下降现象。在阴影遮挡情况下，非晶硅光伏电池也能够保持一定的发电功率输出，而且其年度衰减率相对较低。

4.碲化镉光伏电池

碲化镉光伏电池是在玻璃或其他柔性衬底上依次沉积多层薄膜而构成的光伏

器件。一般标准的碲化镉薄膜电池由五层结构组成：玻璃衬底、TCO层（即透明导电氧化层）、CdS窗口层、CdTe吸收层、背接触层和背电极。

　　碲化镉光伏电池具有禁带宽度理想、高光吸收率、高转换效率、电池性能稳定、电池结构简单等优点，生产成本低于晶体硅和其他材料的太阳能电池技术，可吸收95%以上的阳光，采用标准工艺，低能耗，生命周期结束后可回收，强弱光均可发电。在制造过程中，可以通过控制碲化镉层的厚度和掺杂浓度等参数，实现对其吸收光谱范围的调节。因此，可以根据建筑物外观设计的需要，将碲化镉光伏电池板定制成不同颜色和图案，更好地与建筑物融为一体。半透光碲化镉光伏玻璃外观如图2-10所示。

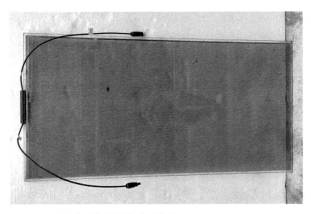

图2-10　半透光碲化镉光伏玻璃外观

5. 钙钛矿太阳能电池

　　钙钛矿太阳能电池是采用钙钛矿材料作为吸光层材料的电池（图2-11）。钙钛矿指的不是某种特定材料，而是具有特定结构的一类物质，晶型为ABX_3。以目前研究较多的金属卤素有机无机杂化钙钛矿为例，A为有机甲胺离子CH_3NH^{3+}，B为金属离子（如Pb^{2+}，Sn^{2+}），X为卤素离子（如Cl^-，I^-，Br^-）。整个晶体是由金属离子被六个卤素离子包围而形成的类似正方体的骨架结构，骨架中间插入无机或者有机离子。

　　钙钛矿太阳能电池的突出优点是：可在室温下制造，使用的能源比硅电池少，有助于降低生产成本；电池材料特性和制造工艺灵活，可以制造出多种形态和颜色外观；可以制造出柔性可弯曲的太阳能电池。目前，钙钛矿太阳能电池的实验室效率已从初期的1%发展到了2022年的25%以上。大面积制备的钙钛矿太阳能电池效率也已经超过了15%。在未来，伴随技术的进步，新型的钙钛矿太阳能电池板有望将太阳能清洁发电拓展到现代生活中的更多领域。

图 2-11　钙钛矿太阳能电池

在大型太阳能组件制造工厂，相关工艺流程基本已经实现了自动化生产、智能化控制、远程化监控（图2-12）。例如，通过机器人、自动输送系统等设备实现生产线上的自动化操作，提高生产效率和产品质量；采用先进的传感器、控制器等设备对生产过程进行实时监测和控制，从而保证产品质量和稳定性；通过互联网技术实现对生产过程进行远程监控和管理，提高管理效率和响应速度。

为了提高光电转化效率，光伏行业不断革新光伏组件的高密度封装技术，通过减少电池片间距，增加组件有效受光面积，实现更高发电功率输出。主流的高密度组件技术包括叠瓦、叠焊、拼片等。这些高密度组件在抗衰减、抗阴影、减低热斑效应等特性上也有所改善，可以实现同功率、同环境下更多的发电量增益，降低投资回收年限。例如叠瓦技术利用激光切片技术将整片电池切割成数个电池小条，并用导电胶将电池小条叠层柔性连接，实现电池片的近零片间距，充分利用组件的有限面积，相同板型可较其他类型组件多放置5%的电池片，有效提高了组件受光面积。此外，电池片通过导电胶柔性连接，应力分布均匀，隐裂

（a）自动层压

（b）自动装框

（c）自动分档

图 2-12 某自动化光伏组件生产车间

风险降低。

　　近年来，光伏产业蓬勃发展，市场上已经出现转换效率在23%以上的商业化组件产品。这些高效率的光伏组件可以将更多的太阳能转化为电能，提高光伏发电系统的发电量和经济效益。同时，迎合光伏建筑一体化的市场需要，有厂商推出了全黑及彩色光伏组件（图2-13），大大提升与建筑外观的融合度和美观性。

2.2.3 光伏建筑

　　光伏建筑是指将太阳能光伏技术应用于建筑，将太阳能电池板集成到建筑的外墙、屋顶、窗户等部位，实现建筑自产能。光伏建筑实现了建筑与能源系统的

图 2-13　全黑晶硅电池组件

高度融合，具有节约用地、降低运行费用、环保等优点。相比传统建筑，光伏建筑减少了对传统化石燃料的依赖，从而减少温室气体排放和环境污染。光伏建筑利用太阳能发电，不仅可以为建筑提供清洁能源，还可以将多余的电能卖给电网，实现经济效益。

根据光伏发电是否汇入区域电网，光伏建筑可以分为离网型光伏建筑与并网型光伏建筑两类。

（1）离网型光伏建筑，也称独立光伏发电建筑。离网型光伏建筑的光伏系统是不依赖电网而独立运行的发电系统，主要由太阳能电池板、储能蓄电池、充放电控制器、逆变器等部件组成。太阳能电池板发出的电直接流入蓄电池并储存起来，需要给电器供电时，蓄电池里的直流电流经逆变器并转换成220V的交流电。离网型光伏发电系统不受地域的限制，使用广泛，只要有阳光照射的地方就可以安装使用，适合于偏远无电网地区、孤岛建筑等，也可以作为经常停电地区的应急发电设备。

（2）并网型光伏建筑的光伏发电可汇入区域电网。并网型光伏建筑的光伏系统主要由太阳能电池板和逆变器组成，太阳能电池板发出的直流电经逆变器转换成220V交流电并给建筑自身供电；当太阳能的发电量超过建筑设备系统需要的电量时，多余的电力输送至公共电网；而当太阳能的发电量不能满足建筑自身使用时，可从电网中补充。网光伏发电系统不需要使用蓄电池进行电能存储，节省了系统造价，缩短投资回收年限。

根据集成化程度的差异，光伏建筑可分为后置式光伏建筑和光伏建筑一体化。

（1）后置式光伏建筑（Building Attached Photovoltaic，BAPV）指在现有建筑上安装太阳能光伏发电系统，利用建筑闲置空间发电，多运用于存量建筑改造，利用建筑屋面、地面空闲面积等。

（2）光伏建筑一体化（Building Integrated Photovoltaic，BIPV）是与建筑物同时设计、施工和安装光伏组件，且光伏组件与建筑物融为一体的太阳能光伏发电建筑。光伏建筑一体化兼顾发电效益及建筑外观，其形式多样，日前已经有光伏屋面、光伏墙面、光伏阳台板、光伏窗户等构造类型。

BAPV与BIPV的最本质区别在于光伏组件与建筑的结合方式（图2-14）：BAPV一般采用特殊的支架将光伏组件固定于原有建筑结构。光伏组件仅起到发电作用，不影响建筑物原有功能，属于"安装型"太阳能光伏建筑。而BIPV采用一次性建设和投资模式，在建筑施工时直接安装光伏发电系统支架配件、光伏发电组件单元板和其他电气设备。究其本质，BIPV建筑的光伏组件实质上是一种新型的建筑建材。这就引出一个重要问题，即BIPV光伏组件除具备发电功能外，还需兼顾建筑物自身结构和使用功能，以替代建筑物原有构件。

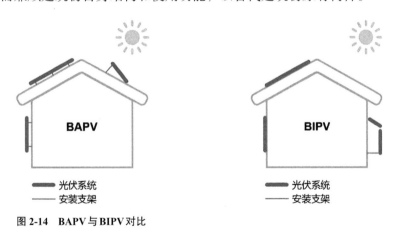

图2-14　BAPV与BIPV对比

从建筑美观和材料节约的角度出发，BIPV使得光伏组件与建筑融为一体，不仅可以提高建筑外观的美观度，还可以节约材料和空间。与传统的光伏组件安装方式相比，BIPV在结构上更加紧凑、安全性更高。但是，由于需要将光伏组件直接集成到建筑中，施工难度相对较大。此外，在设计和施工过程中需要考虑多方面因素，如光伏组件的选型、电气连接、防水隔热等问题。因此，在实际应用中需要综合考虑各种因素，并采取科学合理的设计和施工方案。

BAPV和BIPV的节能减排特征契合绿色建筑的发展趋势。据统计，我国建筑业总产值约占GDP的25%，建筑业碳排放量约占全国总量的40%～50%，建筑领域碳减排大有可为。在碳达峰、碳中和宏伟目标下，光伏建筑的政策支持力度持续加大。2021年10月，国务院印发的《2030年前碳达峰行动方案》提出，推广光伏发电与建筑一体化应用；到2025年，城镇建筑可再生能源替代率达到8%，新建公共机构建筑、新建厂房屋顶光伏覆盖率力争达到50%。这些规定明确了BAPV和BIPV发展在"双碳"行动中的积极作用和广阔的发展前景。

2.2.4 光伏建筑案例

本节结合应用案例，介绍光伏幕墙、光伏屋顶和光伏遮阳这三种比较主流的建筑光伏技术。

1.光伏幕墙

光伏幕墙是将建筑幕墙中的普通玻璃替换为光伏玻璃。用于光伏幕墙的光伏玻璃不仅要满足光伏组件本身的性能要求，还需要满足幕墙的建筑功能，如抗风压、气密性能、透明度以及美观性等。常见的光伏幕墙包括晶体硅类光伏幕墙、薄膜电池（包含非晶硅薄膜电池和碲化镉薄膜电池）光伏幕墙。

相对而言，晶体硅类光伏幕墙的光电转化效率更高，但是会出现局部透光的不均匀外观，可能会影响建筑的美观性。相反，薄膜电池光伏幕墙外观比较均匀，适用于对建筑美观和景观视野要求较高的场合。碲化镉薄膜电池光伏幕墙的纹理和颜色能够根据建筑物的需要进行定制化设计，有利于建筑的美观。北京世界园艺博览会中国馆和广州珠江城大厦是光伏幕墙技术应用的典型案例。

北京世界园艺博览会中国馆的建筑设计取意"锦绣·如意"。建筑设计师力争打造一座有"生命"的绿色建筑。碲化镉薄膜电池巧妙地与建筑屋顶及幕墙构件相结合，完美替代传统幕墙玻璃，实现光伏建筑一体化，不仅具备普通采光顶和幕墙的维护、隔热、美观功能，又兼具绿色发电、能源自给功能。中国馆屋顶光伏系统装机容量80kW，年发电量约8.3万kW·h，相当于每年节约标准煤26.91t，减排二氧化碳约70.5t，产生的绿色电力用于整个建筑内的照明、动力等用能需求，贯彻从被动节能到主动发电的绿色建筑理念。

广州珠江城大厦位于广州珠江新城CBD的核心区域，是集高性能双层幕墙、冷辐射置换通风系统、智能遮阳百叶、光电幕墙、风力发电系统等先进技术于一身的甲级写字楼，获得美国LEED-CS铂金级认证。珠江城大厦被誉为"全球最绿的摩天大厦"，幕墙采用大面积的光伏发电技术，打造超高品质、超低能耗、绿色环保建筑。

2. 光伏屋顶

光伏屋顶是将光伏组件嵌入建筑物的屋顶以实现太阳能发电。建筑物屋顶往往接受太阳光的条件最好，因此，光伏系统在屋顶的应用十分广泛。光伏屋顶的光伏组件多选用光电转化效率较高的晶硅类电池，以尽可能多地将太阳辐射转化为电能。

根据屋顶的类型不同，光伏屋顶可以大致分为平屋顶式、斜屋顶式和曲面屋顶式三大类。曲面屋顶式可以满足建筑物的美学需要，但是由于受力更加复杂，因此，对光伏组件的力学性能要求更高，施工难度和建设成本更高。光伏屋面的典型案例有雄安高铁站和广东美的制冷顺德工厂屋顶光伏系统。

雄安高铁站是京雄城际铁路沿途规模最大的新建车站，总建筑面积为47.52万 m^2，相当于66个足球场。车站房屋面建设光伏项目，共铺设4.2万 m^2 光伏建材，总装机容量6MW，年均发电量580万kW·h，自发自用、余电上网，为雄安高铁站的公共设施带来清洁电力。雄安高铁站外观采用了"青莲滴露"主题，屋面周边由太阳能板渐变到阳光板，实现光伏板与建筑融合，光伏板不再是单纯的发电工具，而是与屋顶相辅相成，体现建筑设计之美。

随着能源新时代的到来，"光伏+交通"技术融合也越发成熟。自2008年至今，我国已有十余个高铁火车站采用了光伏屋顶设计，其中规模较大的包括：上海虹桥站光伏项目（6.69MW），并网时间2010年7月；南京南站光伏项目（10MW），并网时间2013年6月；呼铁光伏一期工程光伏项目（16.5MW），并网时间2016年1月；杭州火车东站光伏项目（10MW），并网时间2013年6月。这些高铁站成为绿色节能的优秀典范，也是向公众宣传普及光伏发电建筑一体化新技术的有效途径。

广东美的制冷顺德工厂屋顶光伏系统于2014年4月25日正式并网投产。在当时，这个系统是亚洲最大的单个厂区屋顶光伏项目。光伏组件覆盖美的顺德制冷工厂13栋厂房屋顶，总面积达32.98万 m²。光伏系统预计每年发电约3054万 kW·h，节约标准煤约1.04万 t，减排二氧化碳约2.6万 t、二氧化硫约0.08万 t，具有良好的节能减排效益。同时，在厂房屋面安装光伏组件还能够起到隔热降温作用，帮助节省空调电费，并改善了工人工作环境。屋顶光伏电站的运行，使得工厂高峰用电更有保障；同时，由于光伏电站发电时间与企业用电高峰时段基本一致，对用电高峰负荷起到削峰作用，缓解了当地电网供电压力。

太阳能屋顶瓦以太阳能瓦片模块取代常规瓦片，省略了太阳能电池组件在建筑屋顶上的二次加装式安装，节约了安装时的人力成本和材料。太阳能屋顶瓦巧妙地将太阳能电池与传统屋瓦的功能有机地融合到一起，帮助家庭或建筑物减少对传统化石燃料的依赖，并且减少温室气体排放和环境污染。深蓝色的太阳能屋顶瓦提供了类似中国传统建筑的典雅外观与气质，特别适合用于各地传统民居的节能改造与翻新。

3.光伏遮阳

光伏遮阳将光伏组件与建筑遮阳相结合，兼顾发电与遮阳。光伏遮阳系统可最大限度地利用建筑物表面积来收集太阳能，并为建筑物提供遮阳和隔热，减少室内得热量与空调系统的制冷能耗。光伏遮阳的典型应用实例有青海科技馆和珠海兴业新能源产业园研发楼。

青海科技馆地处西宁市海湖新区，于2011年10月24日开馆，以"自然、人类、科技"为建馆主题，总建筑面积33179m²，是集科普、展览、教育、文化等多功能于一体的现代化科技馆。青海省科学技术馆是我国首个在光伏建筑立面应用电动追踪式光伏百叶的工程，充分考虑了光伏系统与建筑外观的融合效果。安装于建筑立面的数百片光伏百叶可以跟随太阳位置转动，提高光伏系统发电量。

珠海兴业新能源产业园研发楼位于广东省珠海市，是一座集办公、会议、实验、展示、休闲等多种功能于一体的综合性办公楼。研发楼地上总建筑面积22148.38m²，建筑层数17层，建筑高度70.35m。该建筑项目开展基于办公建筑的智能微能网技术、照明节能技术、建筑调适，以及建筑混合通风技术的研究开发和示范，设计建设了多功能光伏幕墙、园林式光伏屋面遮阳、光伏双玻百叶女儿墙、双层点式光伏雨篷。

2.2.5 建筑光伏发电相关政策

光伏发电是国家新能源发展的重要组成部分，国家政策从"十一五"期间到"十四五"期间越来越明确。"十一五"期间要求积极发展太阳能等新能源，"十四五"期间明确主张集中式和分布式能源并举的发展模式，大力提升光伏发电规模。

2013年7月，国务院发布了《国务院关于促进光伏产业健康发展的若干意见》（国发〔2013〕24号），明确了光伏发电的补贴原则和时间，电价补贴标准为每千瓦时0.42元（含税），光伏发电项目自投入运营起执行标杆上网电价或电价补贴标准，期限原则上为20年。另外，国家自2014年起，陆续发布了一系列政策，逐步实施光伏扶贫工作。2014年起，在宁夏、安徽、山西、河北、甘肃、青海6省30个县开展首批光伏试点。

自2017年以来，国家光伏发电政策主要围绕提高装机容量和发电量、规范产品技术标准、提高电网消纳能力等方面展开。2017年发布的《国家能源局关于可再生能源发展"十三五"规划实施的指导意见》（国能发新能〔2017〕31号）明确光伏领跑技术基地2017—2020年累计装机目标为3200万千瓦。2021年国家能源局发布的《2021年能源工作指导意见》提出，2021年风电、光伏发电量占全社会用电量的比重达到11%左右，风电和光伏发电量的占比提升还将进一步加速。

2022年3月，住房和城乡建设部印发的《"十四五"建筑节能与绿色建筑发展规划》提出推动太阳能建筑应用。根据太阳能资源条件、建筑利用条件和用能需求，统筹太阳能光伏和太阳能光热系统建筑应用，宜电则电，宜热则热。在城市酒店、学校和医院等有稳定热水需求的公共建筑中积极推广太阳能光热技术。在农村地区积极推广被动式太阳能房等适宜技术。

2022年5月，国务院办公厅转发国家发展改革委、国家能源局《关于促进新时代新能源高质量发展的实施方案》明确，推动太阳能与建筑深度融合发展。到2025年，公共机构新建建筑屋顶光伏覆盖率力争达到50%；鼓励公共机构既有建筑等安装光伏或太阳能热利用设施。

2022年8月，工业和信息化部、财政部、商务部、国务院国有资产监督管理委员会、国家市场监督管理总局发布的《加快电力装备绿色低碳创新发展行动计划》指出，推进火电、水电、核电、风电、太阳能、氢能、储能、输电、配电及用电等10个领域电力装备绿色低碳发展。

2022年10月，《国家发展改革委办公厅 国家能源局综合司关于促进光伏产业链健康发展有关事项的通知》（发改办运行〔2022〕788号）指出，落实相关规划部署，突破高效晶体硅电池、高效钙钛矿电池等低成本产业化技术，推动光伏发电降本增效，促进高质量发展。推动高效环保型及耐候性光伏功能材料技术研发应用，提高光伏组件寿命。

我国多个省、自治区、直辖市也出台了分布式光伏（包含屋顶光伏等建筑光伏一体化项目）的鼓励政策。以广东省惠州市为例：2022年8月，惠州市人民政府印发《惠州市能源发展"十四五"规划》，指出要因地制宜发展光伏发电。大力拓展光伏应用场景，有序推动集中式光伏电站建设，加快建设屋顶分布式光伏发电，培育壮大光伏市场主体，打造优良光伏产业生态，加快推动光伏产业提质增效。到2025年底，全市光伏发电装机容量约400万千瓦。同时，该通知明确了推广分布式光伏发电应用的政策支持。积极开展整县（区）具有大规模开发面积、电网接入和消纳条件良好的户用和屋顶分布式光伏开发试点工作，逐步形成可复制可推广的分布式光伏"项目建设、利益分配、后期运维"模式。鼓励按照"自发自用、余量上网"的方式，支持在工业企业厂房以及商业综合体、医院、学校、党政机关等建筑屋顶建设分布式光伏发电系统；在新建交通枢纽站、加油站、文体和商务中心、数据中心、工业园区（不包括大亚湾石化区）等开展光伏建筑一体化项目试点，率先形成多点示范的局面。鼓励具有自有产权的城乡居民在住宅建筑屋顶安装小型分布式光伏发电系统，探索出台扶持鼓励政策。

2.2.6 光伏光热一体化技术

光伏光热一体化技术兼顾太阳能热利用与光伏发电，是更加高效的太阳能利用技术。由于建筑表面空间面积有限，如何实现对宝贵的太阳能资源的高效利用，成为绿色低碳建筑需要解决的重要问题。

在此背景下，光伏光热一体化技术应运而生。太阳能光伏光热综合利用技术将太阳能光伏技术和太阳能光热技术结合起来，具有全光谱、多功能利用太阳能资源、降低光伏建筑成本、节约光伏系统安装面积、电/热输出灵活等优点，有望大范围应用于未来的绿色低碳建筑。

光伏光热一体化技术具有良好的经济效益。光伏光热一体化技术将太阳能转化为电能的同时，由集热组件中的冷却介质带走电池的热量，产生电、热两种能量收益，从而提高太阳能的综合利用效率。太阳能光伏光热综合利用技术还能够有效控制光伏电池的工作温度，避免电池高温工作，提高光伏电池的运行寿命。另外，由于太阳能光伏和太阳能光热系统共用了玻璃盖板、框架、支撑构件等，实现了光伏组件和太阳能集热器的一体化，从而节省了材料、制作和安装成本。

国内外众多学者开展了光伏光热一体化技术研究。主要可以分为以下几个方面：

（1）光伏组件和光热部件的结构和性能分析：光伏光热一体化系统中的光伏组件和光热部件是关键组成部分，因此，对它们的结构和性能进行分析可以提高系统的综合转化效率。目前，研究人员主要关注晶硅型太阳能电池、薄膜太阳能电池以及纳米流体等新型材料在光伏光热一体化系统中的应用。

（2）光伏光热一体化系统与其他技术的耦合：将光伏光热一体化系统与其他技术耦合可以提高系统的能源利用效率。例如将光伏光热一体化系统与热泵、干燥系统等相结合，可以使得光伏光热一体化系统所产生的热量得到更好的利用。

（3）光伏光热一体化系统的性能评估方法：为了评价光伏光热一体化系统的性能，需要制定相应的评估方法。目前常用的指标包括平板型光伏光热一体化系统总效率、一次能源节约率等。

（4）解决光伏光热一体化系统在长期运行中出现的问题：长期运行中，光伏光热一体化系统可能会出现器件密封不严、水汽腐蚀等问题。因此，在推广光伏光热一体化技术时需要解决这些问题，以保证系统的长期稳定运行。

本书作者所在团队提出一种新型的光伏光热建筑一体化（BIPVT）天窗，在降低室内得热量、提供充足日照的同时，实现太阳能光热、光电的双重利用。这项研究是基于本书作者团队在广东省深圳市的大鹏古城进行传统民居热环境改善的实际需要开展的。作者在民居热环境现场实测时发现，当地传统民居多兴建于中华人民共和国成立前。由于当时社会环境不够稳定，民居设计与建造过程中特别注重居住安全，其窗墙比远小于现代居住建筑。实测结果显示，该民居夏季室内温度约为30℃，相对湿度超过85%，热环境舒适性较差。同时，房间的自然采光也不能满足人员日常活动需要，需要长时间开启人工照明，能耗较高。

为了同时满足室内光、热环境的调节需要和建筑节能目标，本书作者提出光伏光热建筑一体化（BIPVT）天窗，可用于此类型传统民居的节能改造，取代阁楼斜屋顶上的天窗（图2-15、图2-16）。这种新型的光伏光热建筑一体化天窗由两层玻璃组成，外部玻璃为半透明的光伏玻璃，将部分入射太阳能转换成电能，内部玻璃板为普通透明玻璃。两层玻璃之间的空腔内充满水，水在空腔内和保温水箱之间循环流动。白天，水吸收部分入射太阳辐射，温度升高后向上流动，并

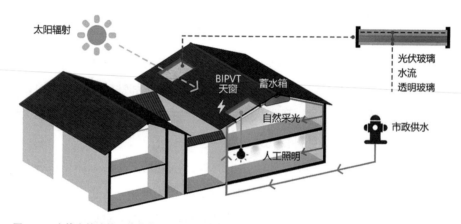

图2-15 光伏光热建筑一体化（BIPVT）天窗结构示意图

图2-16 光伏光热建筑一体化（BIPVT）天窗可用于传统民居改造

通过保温水箱中的换热器向水箱中的冷水释放热量。被加热的水经过电加热器或燃气加热器加热到所需温度后，提供给建筑内的居民使用。

这种新型的光伏光热建筑一体化天窗有助于减少电力生产中化石燃料的消耗和二氧化碳等温室气体的排放。天窗充分利用自然采光，提升室内光环境品质，降低人工照明的能耗。与普通天窗相比，光伏光热建筑一体化天窗利用流水将入射太阳辐射以热量的形式带走，从而有效降低制冷季节的室内得热量和空调能耗。同时，与其他建筑节能改造手段（增加保温隔热材料等）相比，光伏光热建筑一体化天窗对传统民居住宅的外观影响更小，有利于文物建筑的保护与更新。

本书作者团队建立光伏光热建筑一体化天窗物理模型并编写Fortran程序，仿真模拟这种新型太阳能建筑一体化系统在深圳市的气候条件下的全年能效。结果显示，对于面积为$3m^2$的朝南方向天窗，全年接收到的入射太阳辐射总量为20409.59MJ。其中，秋冬季节的月辐射量相比春夏季节更高。全年有三个月的入射太阳辐射量超过2000MJ，分别是10月、11月和12月。太阳辐射入射总量的月度分布刚好与住宅建筑对于热水的需求相吻合，从而有利于太阳能的热利用。在深圳市的气候条件下，光伏光热建筑一体化天窗可实现全年12.03%的发电效率，6.44%的热效率。

2.3 风力发电技术

2.3.1 风能资源

风能是地球表面大量空气流动所产生的动能。由于地面各处受太阳辐照后气温变化不同和空气中水蒸气的含量不同，引起各地气压的差异；在水平方向，高压空气向低压地区流动，从而引起大气的对流运动并形成风。

风能作为一种清洁的可再生能源，越来越受到世界各国的重视。全球的风能资源约为$2.74 \times 10^9 MW$，其中可利用的风能为$2 \times 10^7 MW$，比地球上可开发利用的水能总量还要大10倍。人类很早就利用风能来抽水和磨面。目前，风能的主要利用形式是风力发电，即将空气流动的机械能转化为电能后加以利用。

我国幅员辽阔，海岸线长，风能资源比较丰富。据中国气象局估算，全国风能密度为100W/m²，风能资源总储量约$1.6×10^5$MW，特别是东南沿海及附近岛屿，内蒙古和甘肃北部，东北、西北、华北和青藏高原等地区的风力资源丰富，具有很大的开发利用价值。

按照风能资源差异，可划分为如下区域：

（1）东南沿海及附近岛屿，为我国最大风能资源区。这一地区有效风能密度大于等于200W/m²的等值线平行于海岸线，沿海岛屿的风能密度在300W/m²以上，有效风力出现时间百分率为80%～90%，大于等于8m/s的风速全年出现时间为7000～8000h，大于等于6m/s的风速也有4000h左右。

（2）内蒙古和甘肃北部，为我国次大风能资源区。这一地区终年在西风带控制之下，而且又是冷空气入侵首当其冲的地方，风能密度为200～300W/m²，有效风力出现时间百分率为70%左右，大于等于3m/s的风速全年在5000h以上，大于等于6m/s的风速在2000h以上，从北向南逐渐减少。这一地区的风能密度较东南沿海为小，但其分布范围较广，是我国连成一片的最大风能资源区。

（3）黑龙江和吉林东部以及辽东半岛沿海的风能也较大。风能密度在200W/m²以上，大于等于3m/s和6m/s的风速全年累计时数分别为5000～7000h和3000h。

（4）东北、西北、华北和青藏高原地区的北部和沿海，为风能较大区。这些地区风能密度在150～200W/m²之间，大于等于3m/s的风速全年累计为4000～5000h，大于等于6m/s风速全年累计在3000h以上。青藏高原大于等于3m/s的风速全年累计可达6500h，但由于青藏高原海拔高，空气密度较小，所以风能密度相对较小（在4000m的高度，空气密度大致为海平面的67%）。

（5）云南、贵州、四川，甘肃、陕西南部，河南、湖南西部，福建、广东、广西的山区，以及塔里木盆地，为我国最小风能区。有效风能密度在50W/m²以下，可利用的风力仅有20%左右，大于等于3m/s的风速全年累计时数在2000h以下，大于等于6m/s的风速在150h以下。在这些地区中，尤以四川盆地和西双版纳地区风能最小，这里全年静风频率在60%以上。这一地区除高山顶和峡谷等特殊地形外，风能潜力低，利用价值小。

（6）在上述地区以外的地区为风能季节利用区。这一地区风能密度在

$50\sim100W/m^2$之间，可利用风力为30%~40%，大于等于3m/s的风速全年累计在2000~4000h，大于等于6m/s的风速在1000h左右。

作为应用广泛和发展迅速的新能源发电技术，风电已在全球范围内实现大规模开发应用。"十二五"期间，我国风电新增装机容量连续五年领跑全球，累计新增9800万kW，占同期全国新增装机总量的18%，在电力结构中的比重逐年提高。与此同时，我国风电产业的技术水平显著提升，风电机组在高海拔、低温、冰冻等特殊环境的适应性和并网友好性显著提升。而且低风速风电开发的技术经济性明显增强，这意味着全国风电技术可开发资源量大幅增加。

国家能源局于2016年发布的《风电发展"十三五"规划》提出，随着世界各国对能源安全、生态环境、气候变化等问题的日益重视，加快发展风电已成为国际社会推动能源转型发展、应对全球气候变化的普遍共识和一致行动。"十三五"时期风电主要布局原则是：加快开发中东部和南方地区陆上风能资源、有序推进"三北"地区风电就地消纳利用、利用跨省跨区输电通道优化资源配置、积极稳妥推进海上风电建设。面对新形势和挑战，《风电发展"十三五"规划》明确了"十三五"时期我国风电发展的重点任务：有效解决风电消纳问题、提升中东部和南方地区风电开发利用水平、推动技术自主创新和产业体系建设。

2.3.2 风力发电原理

风力发电是利用风力驱动涡轮机发电的技术。风力发电的原理是将风能转化为机械能，再将机械能转化为电能。具体来说，风力发电系统由叶片（风轮）、涡轮机、发电机和控制系统等组成。当风吹过风轮时，叶片（风轮）开始旋转，带动涡轮机旋转。涡轮机通过传动装置将旋转的动力传递给发电机，使发电机产生电能。在实际应用中，为了提高风能的利用效率和稳定性，通常会采用多个风力发电机组成的风力发电场。此外，还可以通过智能控制系统对整个系统进行监测和管理，以实现最佳的运行状态和效率。

按照发电结构的形式差异，风力发电机可以分为水平轴风力发电机和垂直轴风力发电机。

水平轴风力发电机，其风轮旋转轴与风向平行。大多数水平轴风力发电机具有对风装置，能随风向改变而转动。小型风力发电机多采用尾舵作为对风装置，而大型的风力发电机多利用风向传感元件以及伺服电机组成的传动结构实现对风。与垂直轴风力发电机相比，水平轴风力发电机可以在高速旋转下产生更多的动力和电能。

目前，水平轴风力发电机技术的技术成熟度和应用范围较广，商业应用中大部分采用的都是水平轴风力发电机技术。近年来，我国的水平轴风力发电机制造商已经具备了较强的生产能力和技术实力。在水平轴风力发电机关键技术方面，多家企业取得了重要进展。例如在叶片材料、叶片结构设计、齿轮箱设计等方面都有所突破。同时，在控制系统、智能化运维等方面，多家企业的技术达到世界领先水平。

垂直轴风力发电机，其风轮的旋转轴垂直于地面或者气流方向。相比于水平轴风力发电机，垂直轴风力发电机在风向改变的时候无须对风，可以接收来自任何方向的风能，不需要根据风向调整朝向，因而结构设计大为简化。垂直轴风力发电机的叶片和塔架之间没有齿轮箱等传动装置，因此，运行时噪声较小。而且由于结构简单、零部件少，垂直轴风力发电机的维护和保养相对容易。

垂直轴风力发电机外形美观、造型独特，在城市等人口密集区域应用时更为适宜，还可以与太阳能、水能等其他可再生能源技术结合使用，形成混合能源系统，提高能源利用效率和稳定性。目前，垂直轴风力发电机的应用中还不如水平轴风力发电机普及，但随着技术的不断进步和应用范围的扩大，未来可能将会得到更广泛的应用。

2.3.3 风力发电建筑

风力发电在建筑中的应用尚不普遍，典型案例有巴林世贸中心、广州珠江城大厦、武汉新能源研究院大楼等。

巴林世贸中心由两座外观完全相同的塔楼组成，双子塔高约240m，共50层，深绿宝石色玻璃和白色表皮使大厦与周边沙漠景观和海上风光融为一体。巴林世贸中心总建筑面积120961m²，设置有办公空间、商务设施、酒店、商场、咖啡屋、饭馆和健身俱乐部。巴林世贸中心的双塔之间16层（61m）、25层（97m）和

35层（133m）处分别设置重达75t的跨越桥梁和直径达29m的水平轴风力发电机。根据设计计算，三座风力发电涡轮机每年可为大楼提供10%～15%的电力。同时，建筑师将两座塔楼的平面和剖面设计成椭圆形和帆形，利用漏斗效应将来自波斯湾海面上经年不息的海风集中并加速30%，从而提高风力发电机的工作效率。

本书之前介绍过的广州珠江城大厦也采用了高空风力发电技术。大楼配备4台7m高垂直轴风力发电机，预计年发电量可达13万kW·h，减少二氧化碳排放量约4000t；同时，风力发电机所在的风洞的设计卸去了风力对建筑的横向冲击荷载，可降低建筑结构中钢材和混凝土的用量，从而实现资源节约和环境友好。

武汉新能源研究院大楼是一座能合理利用水、风、太阳能等自然资源的低能耗建筑。大楼以马蹄莲为设计理念，寓意"武汉新能源之花"。武汉新能源研究院大楼是目前我国最大的绿色仿生建筑，建筑面积6.8万m^2，整个建筑包括马蹄莲形主塔楼、5个树叶形实验室和1个花蕾形展示中心。在"花盘"上，太阳能光伏板源源不断将太阳能转化为电能，而"花蕊"中的竖轴风力发电机一年可发电48万kW·h。

值得注意的是，自然界中的风能密度低、不稳定。由于风能来源于空气的流动，而空气的密度小，因而风力的能量密度小，只有水力的1/816。同时，由于气流瞬息万变，所以风的脉动、日变化、季变化以及年际变化波动都很大，极不稳定。因此，在建筑物中设计风力发电系统，必须充分考虑当地的风能资源丰富度，以及风力发电的时间不均匀性对于储能的需要。同时，风电机组在发电过程中可能会产生噪声和振动，建筑设计时必须充分考虑这些不利影响并采取相关消减措施，避免对建筑内部人员工作和生活产生不利影响。

2.4 地热能利用

2.4.1 地热能资源

地热能是一种存在于地球内部岩土体、流体和岩浆体中，并且可以被人类开发利用的热能。地热能来源于地球深处的熔融岩浆和放射性物质的衰变，由岩浆将热量从地下深处带至近表层。地球内部的温度高达7000℃，而在80～100km的深度处，温度会降至650～1200℃。透过地下水的流动和熔岩，热能涌至离地面1～5km的地壳。这样一来，热能得以被转送至较接近地面的地方。在有些地方，高温的熔岩将附近的地下水加热，热水渗出地面并形成地表温泉。

地热能属于可再生资源，具有储量大、分布广、绿色低碳、稳定可靠等特点。在环保意识日渐增强和能源紧缺的背景下，对地热资源的合理开发利用越来越受到人们的重视。2016年，中国地质调查局开展浅层地温能资源和干热岩资源调查，基本查明了我国地热资源赋存分布与开发利用现状，发布《中国地热资源调查报告》，初步评价了全国地热资源潜力。

《中国地热资源调查报告》调查结果表明：全国31个省（区、市）地下热水资源年可开采量折合标准煤19亿吨，开发利用潜力巨大；全国336个地级以上城市浅层地温能资源年可开采量折合标准煤7亿吨，可实现建筑物供暖制冷面积320亿平方米。京津冀地区浅层地温能和地下热水资源合计折合标准煤3.43亿吨，可基本满足该地区建筑物供暖制冷需求。长江经济带浅层地温能和地下热水资源年可开采量折合标准煤9.3亿吨，充分开发利用区内的浅层地温能资源可有效解决长江中下游地区冬季供暖问题。

目前，我国对地热能的直接利用主要集中在供暖、制冷、养殖、洗浴等方面。20世纪90年代以来，北京、天津、保定、咸阳、沈阳等城市开展中低温地热资源供暖、旅游疗养、种植养殖等实践。进入21世纪以来，热泵供暖（制冷）等浅层地热能开发利用逐步加快发展。截至2020年底，我国约实现地热能供暖面积13.9亿m^2，相较于2015年底增加了9亿m^2。其中，水热型地热能供暖面积为5.8亿m^2，浅层地热能供暖制冷面积为8.1亿m^2，每年可减排二氧化碳约6200万t，折合标煤2500万t以上。

2.4.2 建筑地热能利用

建筑中的地热能利用有多种形式：直接取用地表或地下热水、地源热泵系统间接利用热量、地热能发电供给建筑使用等。

1.直接取用地表或地下热水

直接取用地表或地下热水是最简单和最合乎成本效益的地热能使用方法,在国内外有着悠久的历史。人类很早以前就开始利用地热能,例如利用温泉沐浴、医疗,利用地下热水取暖,建造农作物温室,水产养殖及烘干谷物等。

地下温泉热水资源的开发是一项复杂的工程,包括温泉地热勘探、钻井施工、洗井及抽水试验、温泉水质分析及设备选择和温泉供水系统的设计与施工等环节。首先,温泉地热勘探需要委托专业的地质勘查单位对计划开发温泉的地区的地质情况和温泉资源储量情况进行勘探,一般通过一系列地质学、地热学、地球物理和地球化学等知识与技术手段,通过专业的勘测设备仪器进行勘查测算,对勘查数据分析后,对项目地区的温泉资源分布基本情况进行分析,出具相关的地热勘探报告。其次,根据地勘报告确定勘探钻井位置后委托专业的钻井公司,根据前期的地勘报告及实际的现场情况进行钻井施工。温泉井钻探完毕后要进行洗井及抽水试验,测量取水时水位的变化情况,掌握不同深度的水温情况。采取水样并送至水质检测机构。再次,根据温泉成井报告及检测机构出具的温泉水质报告,制定温泉水处理工艺及温泉适合利用领域,并选择合适的深井泵和温泉水输送管道,定制温泉原水处理设备、温泉水存储设备、温泉水终端利用的设备,并制定温泉尾水排放工艺等。最后,铺设温泉专用供水管网输送至用水点。

2.地源热泵系统间接利用热量

地源热泵系统是以岩土体、地下水或地表水为低温热源,由水源热泵机组、地热能交换系统、建筑物内系统组成的供热空调系统。地源热泵属于热泵的一种,利用卡诺循环和逆卡诺循环原理转移冷量和热量。地源热泵主要有三种形式,分别是土壤源热泵、地下水热泵和地表水热泵。

土壤源热泵利用地下常温土壤温度相对稳定的特性,通过深埋于建筑物周围的管路系统与建筑物内部完成热交换。冬季从土壤中取热,向建筑物供暖;夏季向土壤排热,为建筑物制冷,一个年度形成一个冷热循环。它以土壤作为热源、冷源,通过高效热泵机组向建筑物供热或供冷。土壤源热泵系统可用于供暖、空调,还可提供生活热水,一套系统可以替换原来的锅炉、空调制冷装置或系统,一机多用;不仅适用于宾馆、商场、办公楼、学校等建筑,也适用于别墅住宅的供热和空调。

土壤源热泵系统不向外界排放任何废气、废水、废渣，是一种理想的"绿色空调"。近年来，土壤源热泵系统在我国多个地区得到广泛推广和应用。土壤源热泵系统的优点是机组紧凑、节省空间、运行费用低、不产生有害物质、对环境无污染，缺点是初始投资偏高。

水源热泵利用水体的巨大蓄热蓄冷能力实现冬季取暖和夏季取冷，可细分为地下水热泵和地表水热泵（图2-17）。水源热泵系统在使用中必须注意对环境的保护，避免为了可再生能源利用而对自然造成不可逆转的污染与伤害。例如地下水热泵利用地下水需要打井，而且用过的水要及时回灌。在回灌过程中，可能会造成井中沙的移动，当大量的井沙移出后，有可能会造成抽水井的塌陷，同时也造成了回水井的堵塞，缩短井的寿命。若抽取大量地下水后未能充分回灌，则很有可能造成地下水位的不平衡，影响当地的地质构造，有可能危害地上的建筑物。同时，只取地下热水不进行有效回灌或回灌不慎还有可能造成地下水的污染，严重破坏环境生态。地表水源热泵对使用地域有特殊要求，一般要在深度10m以上的江河湖海邻近地区使用。

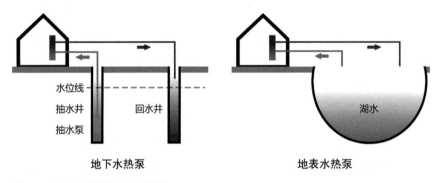

图 2-17　地下水热泵和地表水热泵

作为一种新能源利用系统，地源热泵系统具有可再生、高效节能、安全可靠等优点。地源热泵机组利用的土壤或水体温度冬季为12～22℃，温度比环境空气温度高。与空气源热泵相比，地源热泵循环的蒸发温度提高，能效比也提高；土壤或水体温度夏季18～32℃，温度比环境空气温度低，制冷系统冷凝温度降低，使用冷却效果好于风冷式和冷却塔式，机组效率大大提高，可以节约30%～40%的运行费用，COP可达到4.0以上。

不过，地源热泵系统复杂，安装难度较大，对设计、施工、施工现场管理要求都比较高。现行国家规范《地源热泵系统工程技术规范（2009年版）》GB 50366—2005规定：采用地源热泵系统前应进行工程勘察；地埋管系统设计应进行周期动态负荷计算；地埋管换热器设计应通过计算确定，并应考虑总释热量与总吸热量的平衡。该规范还着重强调了地下水可靠回灌的必要性，并对系统投入运行后抽水量、回灌量及回灌水质的监测及对地下水资源的影响评估做出了强制规定。

国内地源热泵应用于建筑物供热、制冷的案例较多。例如位于浙江省杭州市下沙区的杭州朗诗国际街区节能住宅小区。该小区地上建筑面积约18万 m^2，利用地埋管冷热源系统提供全部的冬季采暖和生活热水负荷，夏季提供50%左右的峰值制冷负荷。小区建筑供热、供冷工程末端为"顶棚辐射+置换新风"系统。顶棚辐射系统夏季由热泵系统提供冷冻水，冬季提供热水。

3.地热能发电供给建筑使用

地热发电是一种利用地球内部热能进行发电的技术，其原理是利用地球内部的高温热水或蒸汽来驱动涡轮机产生电能（图2-18）。地热发电技术具有稳定、可靠、清洁等优点，并且不受气候和季节影响。目前，在全球范围内已经有许多地热发电站投入运营。本书介绍自能自适建筑，强调建筑基地内的地热能利用，因而对地热发电不进行详细介绍。

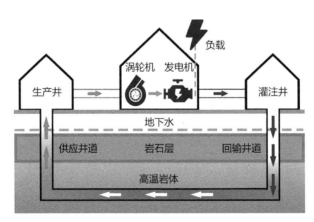

图2-18　地热发电技术原理

建筑自适技术

建筑自适，指的是建筑物根据环境条件的变化，采取一定的措施，自动调节采光、通风、取暖、制冷等功能效应，从而满足使用需要。具体来说，自适建筑能够适当利用自然采光，营造舒适、健康的室内光环境；高效利用自然通风，调节室内热、湿环境，提升室内人员的热舒适水平；充分利用太阳能取暖和天空辐射制冷技术，为建筑物提供清洁、环保的热源和冷源；从而减少对人工照明、人工热源和冷源的依赖，降低能源消耗和二氧化碳等温室气体排放。

3.1 自然采光与自适应

3.1.1 自然采光

自然采光是指在建筑中适当利用天然光线，将太阳直射光、天空漫射光通过直接入射、反射、散射或是阻隔等过程，在建筑内营造出理想的光环境。光在各种不同类型的建筑中都扮演着极为重要的角色，良好的自然采光对于人体健康益处良多。为了实现建筑自然采光，在建筑设计阶段就要充分考虑如何最大限度地利用天然光线。

自然采光可以有效降低建筑照明耗电量和制冷能耗，因而也是绿色建筑实现节能减排的重要技术手段。在日间充分利用自然采光可以降低照明能耗，当室内平均照度达到或超过设计值时，关闭部分照明灯具或降低灯具照度，对于降低建筑综合能耗具有积极作用。有学者研究了深圳地区办公建筑窗墙比、遮阳、玻璃可见光透射比对自然采光的影响，发现充分利用自然采光可以使办公建筑的综合能耗降低27%。

在建筑中引入自然采光的方法主要有：利用常规的侧窗、天窗和玻璃幕墙实现直接采光；利用中庭等建筑设计手法实现增加建筑中的可自然采光面积；利用导光板及光导管系统实现将自然光线引入室内深处。大型建筑设计中常采用在中庭增加建筑中的可自然采光面积的做法（图3-1）。庭院、天井和建筑凹口都可以看作建筑中庭的特殊形式。中庭的光环境营造优化涉及中庭顶部的透光性、中

图 3-1　广东省某三甲医院的医院街采用中庭采光

庭空间的几何比例、中庭墙壁和地面的反射率、窗户位置及尺寸等一系列因素。

一些建筑中庭顶部采用透光玻璃或张拉膜材料，所用材料的光学与热工性能将直接影响到中庭底部和各楼层与中庭直接连通空间的热环境与光环境。一方面，若顶部材料的太阳辐射透过率过高，可能会在夏季引起室内得热量激增，导致室内人员的不舒适并大幅增加制冷能耗。另一方面，若顶部材料的太阳辐射透过率过低，自然采光条件受限，在阴天和雨天期间会导致室内昏暗。为了实现全年采光与遮阳效果的平衡，取得更好的建筑综合节能效果，可以通过计算机仿真模拟等手段，确定适宜的顶部材料的光热特性。

光导管的基本原理是：通过采光罩高效采集室外自然光线并导入系统内重新分配，再经过特殊制作的导光管传输后，由底部的漫射装置把自然光均匀高效地照射到需要光线的地方。光导管系统的主要优点是利用自然光照明，节能健康；整个系统中空密封，因而具有良好的隔热保温性能。普通日光灯采用交流供电，频率为50Hz，表示发光时每秒亮暗100次。这种人工光属于低频率的频闪光，容易导致人眼视觉疲劳，从而加速眼睛近视。相反，光导管向室内提供的是无频闪的漫射自然光，光线柔和，照度分布均匀，不会对人眼造成伤害。

导光板是在侧窗上部安装一个或一组反射装置，使窗口附近的直射阳光经过一次或多次反射进入房间内部距离侧窗较远的位置，以营造均匀的室内光环境的技术措施（图3-2）。导光板可以有效改善教室等进深较大房间的采光、扩大自然采光范围、节约人工照明能耗，是一种方便快捷、成本较低的建筑节能改造技术。有学者借助光环境软件Radiance进行模拟仿真。研究结果证实在房间上方设置导光板后，室内照度变得更加均匀，不但有效减轻了近窗处的照度过高现象，还明显提高了距离窗口较远的区域的照度值，从而使室内光环境更加均匀，提高了室内光环境质量。

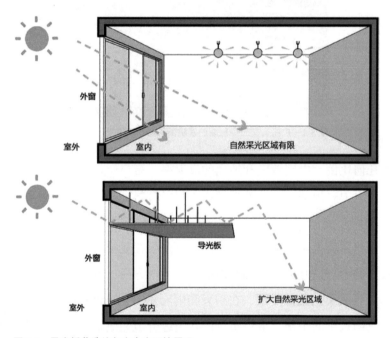

图 3-2 导光板营造均匀室内光环境原理

3.1.2 自适应

自适应指的是建筑的采光遮阳构件（或装置）具有一定的可调节性，能够根据环境条件的变化和建筑使用规律来灵活调节太阳辐射透过率。与传统的固定式遮阳构件相比，自适应的采光遮阳构件（或装置）能够在自然采光与遮阳防晒需求之间求得平衡，营造更加均匀稳定和健康舒适的室内光、热环境。

自然采光的适应性调节机理，可分为被动调节（人工调节）和主动调节（自动调节）。

1. 被动调节（人工调节）

常见的百叶、卷帘和窗帘等，都属于被动调节采光遮阳装置。以办公建筑中常用的百叶为例，通过人工调节叶片角度和窗玻璃覆盖面积，百叶可将入射太阳辐射按不同比例反射到室内和室外，从而兼顾遮阳与采光。

按安装位置，百叶可以分为外百叶、内百叶和夹层百叶。

（1）外百叶位于窗玻璃的外部，靠近室外一侧。外百叶的遮阳效果较好，因为它可以直接将太阳辐射反射回周围环境，阻止太阳辐射热量进入室内。外百叶的缺点在于长期暴露在风吹日晒雨淋的环境，因而必须确保结构安全，并进行定期的保养与维护。

（2）内百叶位于窗玻璃的内部，靠近室内一侧。内百叶的优缺点与外百叶恰好相反。内百叶会吸收部分太阳辐射并在之后以对流换热和辐射换热的形式释放到室内，因而遮阳效果不如外百叶。不过，内百叶安装便利，保养与维护相对简单。

（3）夹层百叶位于两层窗玻璃之间（图3-3）。夹层百叶融合了外百叶和内百叶的优点，既方便维护又可以起到比较好的遮阳效果。

不同形式的内遮阳如图3-4所示。

在传统的办公建筑和教学建筑中，室内人员很少会主动、频繁地根据室内外环境条件变化进行百叶遮阳和卷帘遮阳的调节。根据研究者观察，人们多会将卷帘遮阳全部放下，将百叶调整到密不透光的角度，然后开启人工照明；或者是仅在到达房间时进行一次调节，而不是在一天中根据不同的环境条件（例如工作面照度或透射太阳辐射）进行调节。这样做的结果是：无法充分利用自然光线的照明质量和健康益处，而且会造成大量的能源浪费。因此，实现建筑采光遮阳构件的主动调节具有重要的意义。

2. 主动调节（自动调节）

建筑采光遮阳装置的主动调节（例如百叶遮阳和卷帘遮阳）可通过增加控制

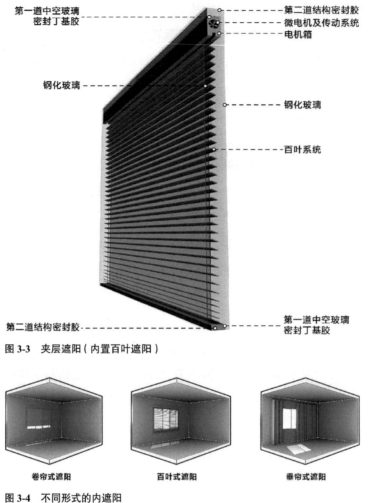

图 3-3　夹层遮阳（内置百叶遮阳）

卷帘式遮阳　　　百叶式遮阳　　　垂帘式遮阳

图 3-4　不同形式的内遮阳

系统（图3-5）来实现。控制系统的组成包括感应器（感应太阳辐射强度、空气温度、室内工作面照度等触发条件参数），控制器（接收感应器传来的信号，并决定遮阳的调节动作与幅度）和执行器（自动执行遮阳调节动作）。上述控制系统可以根据室内外环境条件（如室外太阳辐射强度、室内外空气温度、室内工作面照度等）或既定的时间表规律，来调节百叶遮阳的叶片角度和卷帘遮阳的遮阳面积比例，实现适应性调节。

近年来，自适应遮阳玻璃和窗户备受关注。自适应玻璃或自适应窗户不需要额外的设备来实现遮阳，包括热致变色玻璃、电致变色玻璃、液晶玻璃以及混有悬浮粒子的充液中空玻璃等类型。以电致变色玻璃为例，它的光学属性（反射

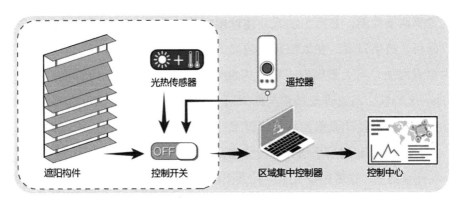

图 3-5　主动调节遮阳控制系统示意图

率、透过率、吸收率等）在外加电场的作用下可以发生稳定可逆的变化。在外观上，其表现为玻璃颜色和透明度的可逆变化。当夏季阳光猛烈，通过施加电场调低电致变色玻璃的太阳辐射透过率，可降低室内的热和空调能耗。其他类型的变色玻璃原理类似，以温度、太阳辐射等为触发条件实现对自然采光与遮阳防晒的自动调节。由于制造工艺相对复杂和原材料成本较高等原因，目前变色玻璃在实际工程中的应用还比较有限。

3.1.3　基于液体夹层的自遮阳窗体

新型低成本主动式液体遮阳窗内部填充有色液体，利用空气的热胀冷缩来实现液膜高度的调节，从而实现太阳辐射透过率和室内得热量的动态调节。主动式液体遮阳窗由三块平行的玻璃组成，形成两个空腔。空腔底部有彩色液体，左侧空腔为封闭空气，而右侧空腔与大气相通并与周围环境保持相同的气压。当环境温度升高，左侧空腔中的空气也受热膨胀，从而推动有色液体在右侧窗体空腔内爬升，形成遮阳液膜。与传统的安装在建筑物窗户上的固定式或可调式遮阳装置相比，这种结构紧凑的主动式液体遮阳窗减少了空间占用，降低了运营成本和管理费用，有效避免外遮阳脱落风险，且增强建筑立面的动态效果，因此，具有较好的应用前景。

本书作者所在团队建立了基于能量和质量守恒定律的主动式液体遮阳窗物理模型（图3-6），用于模拟主动式液体遮阳窗在不同边界条件下的自适应太阳辐射透过率调节性能，并将主动式液体遮阳窗的热性能与三层透明玻璃窗户进行比较分析。结果显示，在太阳辐射较高的夏日，主动式液体遮阳窗可有效减少室内热量增加。当太阳辐射入射角为60°时，通过窗户的室内总得热量可降低1.60%～8.33%。相关研究过程与结果可为建筑师和工程师设计近零能耗和/或中性碳建筑提供设计灵感，并为新型节能窗体在建筑中的广泛应用提供借鉴思路。本书第5.1节将对这项研究进行详细介绍。

在此基础上，作者还设计了一种太阳能吸热水流遮阳窗，利用流动的液体实现窗体采光与遮阳性能的灵活调节（图3-7）。与主动式液体遮阳窗类似，太阳能吸热水流遮阳窗也是由玻璃和密闭遮阳液体夹层组成的，并利用水的流动来调节太阳辐射透射及室内外热量传递，并向遮阳液体夹层中添加染料或微颗粒，实现本体自遮阳。水流吸收太阳辐射并升温，通过管道流动至换热器用于生活热水的预加热。水流窗可大幅削减夏季建筑室内得热量，降低空调系统能耗，因而特别适用于具有高强度太阳辐射入射，同时需要持续热水供给的建筑；也可作为室内辐射供冷/供暖末端，节省设备初始投资费用和占地面积，本书第5.2节将对这项研究进行详细介绍。

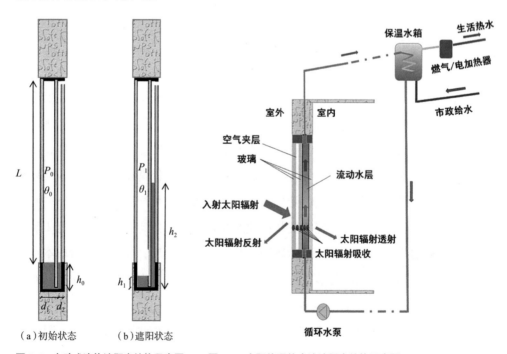

（a）初始状态　（b）遮阳状态

图3-6　主动式液体遮阳窗结构示意图　　图3-7　太阳能吸热水流遮阳窗结构示意图

3.2 自然通风与自适应

3.2.1 自然通风

自然通风是指利用建筑物内外空气的密度差引起的热压或室外大气运动引起的风压来引进室外新鲜空气达到通风换气作用的通风方式。自然通风的应用场合非常广泛，在各种类型的居住建筑、办公建筑、工业建筑中都有广泛的应用，可以在全年的部分或全部时段满足室内人员对空气品质的一般要求。

按作用动力分类，自然通风可以分为风压作用下的自然通风，热压作用下的自然通风，以及风压、热压共同作用下的自然通风。

1. 风压作用下的自然通风

当风吹向建筑时，因受到建筑的阻挡，会在建筑的迎风面产生正压力。同时，气流绕过建筑的各个侧面及背面，会在相应位置产生负压力。风压通风就是利用建筑的迎风面和背风面之间的压力差实现空气的流通。影响风压通风的气候因素包括空气温度、相对湿度、空气流速。影响风压通风效果的有建筑物进出风口的面积、开口位置以及风向和开口的夹角。

2. 热压作用下的自然通风

热压是由室内外空气的温度差引起的。由于温度差的存在，室内外空气密度差产生，沿着建筑物墙面的垂直方向出现压力梯度。如果室内温度高于室外，建筑物的上部将会有较高的压力，而下部存在较低的压力。当这些位置存在孔口时，空气通过较低的开口进入，从上部流出。如果室内温度低于室外温度，气流方向相反。即利用室内外空气温差所导致的空气密度和进出风口的高度差来实现通风。

3. 风压、热压共同作用下的自然通风

在实际建筑中的自然通风，是风压和热压共同作用的结果，两种作用有时相互加强，有时相互抵消。由于风压受到天气、室外风向、建筑物形状、周围环境等因素的影响，风压与热压共同作用时，并不是简单的线性关系。

自然通风的优点包括低能耗、低造价、低维护、健康等。自然通风的经济性好，因为只需要利用建筑门窗等开口进行通风换气而无须安装设备机械，所以能够节约建筑造价成本；自然通风的节能性好，因为自然通风利用风压与热压为动力实现空气流动，无须消耗能源，所以节约运行成本；自然通风简便易行，因为不需要专人管理，减少运营与维护的人力资源。

不过，自然通风也有一定局限性。例如自然通风将室外空气直接引入室内，不可避免地受到室外气象条件和空气质量的直接影响。若室外有空气污染问题，则自然通风将污浊空气送入室内反而会降低室内的空气质量。同时，自然通风的通风量不受控制，通风效果不稳定、不连续，不能保证住户对送风温度、湿度、洁净度的要求。另外，自然通风可能会引起房间污染源的传播，即从污染房间排出的污浊气体有可能进入其他房间。若污浊气体中含有致病菌或病毒，就有可能引起传染病的传播。在采取自然通风技术时应当充分考虑这些因素并防止相关问题的出现。

3.2.2 建筑自然通风设计

由于自然通风的经济、环保特性，在民用建筑设计中应尽可能利用自然通风营造舒适、健康的室内环境。建筑中最为常用的自然通风方法是穿堂风和中庭通风。根据我国各气候区域特点，中纬度的温暖气候区、温和气候区、寒冷地区，更适合采用中庭、通风塔等热压通风设计，而热湿气候区、干热地区更适合采用穿堂风等风压通风设计。

穿堂风主要依靠室内外的风压。一般情况下在建筑的迎风与背风面都设有窗，室内形成空气流通的风道，并且风道上不设置任何障碍物。为了保证穿堂风的效果最佳，往往利用两点之间最短的距离，避免空气因为过长的风道导致风压过低。

中庭通风利用烟囱效应，主要是通过高温空气与低温空气的密度不同所形成的密度差进行空气流通的加强（图3-8）。中庭中部的温度高、密度小，空气上升；中庭四周的温度低、密度高，空气下沉。再加上外部开窗带来的气流变化，从而形成了气流上下回流的形式。

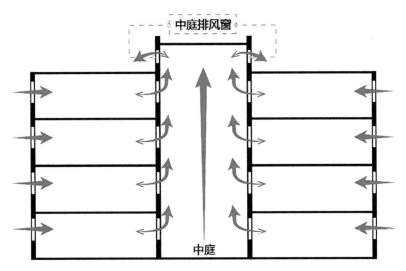

图 3-8 中庭通风改善室内空气品质

　　《民用建筑供暖通风与空气调节设计规范》GB 50736—2012提供了自然通风建筑设计的相关技术措施。例如建筑群平面布置应重视有利自然通风因素，包括优先考虑错列式、斜列式等布置形式。这是因为建筑错列式、斜列式平面布置形式相比行列式、周边式平面布置形式等有利于自然通风。采用自然通风的建筑，自然通风量的计算应同时考虑热压及风压的作用。

　　自然通风应采用阻力系数小、噪声低、易于操作和维修的进排风口或窗扇。寒冷地区的进排风口还应考虑保温措施。同时，为了提升自然通风效果，需要对建筑的围护结构开口、内部布局等进行优化设计。房间的开口大小、相对位置等，直接影响到风速和进风量。若自然通风的进风口大，则流场范围也相对较大；反之，若自然通风的进风口小，虽然流速会有所增加，但是流场范围将会缩小。根据实地测试的结果，当自然通风的开口宽度为房间开间宽度的1/3～2/3，且开口大小为房间地板总面积的15%～25%时，通风效果较好。

　　根据现行国家标准《民用建筑设计统一标准》GB 50352—2019，生活、工作的房间的通风开口有效面积不应小于该房间地板面积的1/20；厨房的通风开口有效面积不应小于该房间地板面积的1/10，并不得小于$0.60m^2$。美国ASHRAE标准第62.1条也有类似规定，即自然通风房间可开启外窗净面积不得小于房间地板面积的4%，建筑内区房间若通过邻接房间进行自然通风，其通风开口面积应大于该房间净面积的8%，且不应小于2.3m²。

自然通风开口的相对位置对于气流路线起着决定性作用（图3-9、图3-10）。自然通风的进风口与出风口宜相对且呈错开位置，这样可以使气流在室内改变流动方向，使室内气流分布更加均匀，自然通风的换气效果更好。建筑内部布局方面也应当考虑自然通风效果。例如在条件允许的前提下，可以尽量将主要房间布置在朝向主导风迎风面，辅助用房则布置在背风面；也可利用建筑内部的开口来引导气流。室内家具与隔断布置不应该阻断"穿堂风"的路线；合理地布局家具与隔断，还能让风的流速、风量更加宜人。

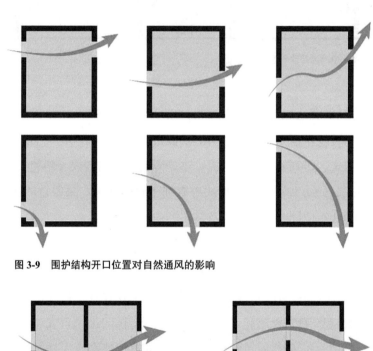

图 3-9　围护结构开口位置对自然通风的影响

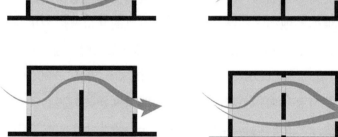

图 3-10　室内隔断对自然通风的影响

3.2.3 自然通风的自适应

为了在不同季节实现更好的自然通风效果，建筑的风口应该可调节，以根据室外空气温度、风向和风速的变化，以及室内人员的需要，对进风的风速与风量，以及室内气流组织进行适应性调节。与自然采光的自适应分类类似，自然通风的自适应也可分为被动调节（人工调节）和主动调节（自动调节）。

1. 被动调节（人工调节）

被动调节的自然通风，也即传统意义上的开门开窗，通过人为地调节建筑物开口相对位置与开口大小，来向室内引入特定风量的室外空气。人工调节自然通风的优点是不需要额外的控制装置，也不消耗能源，缺点是效率低下，室内人员可能不会频繁地判断室外气象条件并进行通风调节。另外，自然通风有可能会影响或削弱空调系统对室内的热调节作用，造成能源浪费。例如在夏季空调制冷房间过度开窗，引入大量室外温度较高的空气，会引起空调制冷能耗的激增，从而影响建筑的低碳绿色性能。

2. 主动调节（自动调节）

显然，人工调节自然通风的效率受到人为因素的制约，而通风量可控的自然通风装置能够起到更好的通风效果。有学者设计了新型的通风量可控的自然通风装置，由中央控制系统、定风量新风进风阀和自适应逆止排风阀组成。中央控制系统包含感应器、运算器和执行器，可实时测量室外风速和室内外空气压差，能够根据上述信息判断并自动调节进风阀和排风阀的阀门开启度，实现自然通风对室外环境条件变化的自适应。定风量新风进风阀作为执行器，能够根据室外风速和风向调节阀门开口的大小，从而维持一定的进风量。自适应逆止排风阀能够根据室内外的气压差调节阀门开口的大小，从而维持一定的排风量。这种通风量可控的自然通风装置能够满足房间定风量控制的要求，达到稳定、有效的自然通风效果。

自然通风的"自适应"还有另外一层含义，那就是根据季节的变化和室内人员的需要，灵活调整自然通风的方向与路径。"自适应"自然通风的典型例子就是呼吸式双层玻璃幕墙。呼吸式双层玻璃幕墙由内外两层玻璃幕墙组成，并附带有可开启的通风口。外层幕墙一般采用隐框、明框和点式玻璃幕墙，内层幕墙一般采用明框幕墙或铝合金门窗。内外幕墙之间形成一个相对封闭的空间通风间层，空气可以从下部进风口进入，从上部排风口排出，空间内经常处于空气流动状态，热量在其间流动，形成热量缓冲层，从而调节室内温度。呼吸式双层玻璃幕墙有四种运行模式，分别是呼出室内空气、吸入室外空气、内循环和外循环（图3-11）。

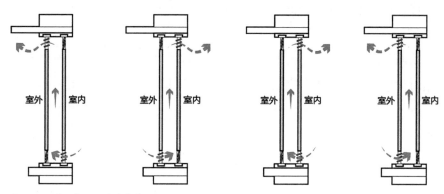

图 3-11　呼吸式双层玻璃幕墙

　　呼吸式双层玻璃幕墙的第一种模式是"呼出室内空气"，适用于过渡季节或夏季自然排风。当阳光猛烈时，幕墙玻璃吸收太阳辐射而温度升高，并将以对流和辐射传热的方式部分释放到室内，引起室内温度升高和空调制冷能耗的增加。因此，将这部分热量消散至周围环境，有助于实现建筑节能。在"呼出室内空气"运行模式下，室内空气从内层玻璃幕墙下部开口进入幕墙空腔，吸收幕墙玻璃的热量后，通过外层玻璃幕墙上部开口来到室外。在此过程中，内外两层玻璃的温度降低，从而减少室内得热。

　　呼吸式双层玻璃幕墙的第二种模式是"吸入室外空气"，适用于过渡季节或冬季自然补风。幕墙玻璃吸收太阳辐射热量，温度升高。同时，室外空气从外层玻璃幕墙下部开口进入幕墙空腔，吸收幕墙玻璃的热量后温度升高，再通过内层玻璃幕墙上部开口进入室内，为室内人员提供经过预加热的新鲜空气。这个"预加热"的过程避免了直接向室内引入温度较低，甚至是寒冷的室外空气可能引起的不舒适的感觉。

　　呼吸式双层玻璃幕墙的第三、四种模式分别是"内循环"和"外循环"。在这两种模式下，室内空气与室外空气隔离，本质上是玻璃幕墙与室内外环境之间的传热过程而非自然通风的传质过程。"内循环"即空气在室内与幕墙空腔之间进行循环，单纯对室内空气进行加热，而不引入室外空气。"内循环"运行模式适用于室外温度较低且由于室外空气品质不佳等原因不便自然通风的情况。

与"内循环"相反，"外循环"即空气在室外与幕墙空腔之间进行循环，单纯将玻璃幕墙积蓄的热量消散到室外环境，而不向室内引入室外空气。该运行模式适用于室外温度较高且由于室外空气品质不佳等原因不便自然通风的情况。

3.2.4 新型自然通风技术

在建筑屋顶的适当位置设置开口以实现自然通风降温是一种绿色建筑节能技术（图3-12）。

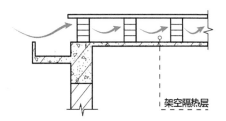

图 3-12　屋顶自然通风方式

在炎炎夏日，建筑屋面接收到大量太阳辐射，蓄积热量导致温度升高，并向室内进行热量传导。传统的做法是在屋顶设置隔热层，起到室内外热量隔绝的缓冲作用。而新型的通风隔热屋面在屋顶适当位置开口，利用室外凉爽空气的自然流动最大限度地将建筑结构中蓄积的热量带走，从而有效减少室内得热量与空调制冷能耗。这类型通风隔热屋面通常有以下两种构造方式：

（1）在水平屋顶结构层的上部设置架空隔热层。

（2）利用坡屋顶自身结构，在结构层中间设置通风隔热层。

类似地，利用通风墙体将建筑外墙的热量带走，可以减少通过外墙进入室内的热量。通风墙体技术是将需要隔热的外墙做成带有空气间层的空心夹层墙，并在下部和上部分别设置进风口和出风口（图3-13）。当夹层内的空气受热后上升，在内部形成压力差，带动内部气流运动，从而可以带走内部的热量和潮气。外墙加通风间层后，其内表面温度可大幅度降低，而且日辐射照度越大，通风空气间层的隔热效果越显著，东、西朝向的自然通风墙体的环境调节与建筑节能效果就越明显。

将呼吸式双层玻璃幕墙与光伏发电技术相结合，可以取得更好的建筑综合节能效果。本书作者所在团队曾开展实验测试和仿真模拟研究，分析在中国香港典型开放式办公环境下使用光伏呼吸式双层玻璃幕墙的综合节能效果。光伏呼吸式双层玻璃幕墙的外层为半透明光伏玻璃，夹层的空气流动可以有效带走光伏玻璃的热量，降低其温度，从而有利于提升光伏发电效率。

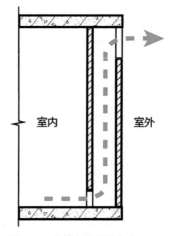

图 3-13　外墙自然通风方式

在这个研究中，研究团队首先搭建光伏呼吸式双层玻璃幕墙实验平台，并利用实验测试数据验证了仿真模型。然后利用 ESP-r 仿真平台对光伏呼吸式双层玻璃幕墙在中国香港气候条件下的空调能耗进行计算，并与普通玻璃窗进行对比。研究结果表明，与传统的单层玻璃窗相比，这种新型的呼吸式光伏玻璃双层幕墙技术可降低建筑空调系统全年能耗的28%。

3.3 太阳能蓄热取暖

3.3.1 建筑本体蓄热

利用太阳能资源进行冬季取暖，有利于北方寒冷地区冬季室内环境的热舒适和建筑节能减碳。不过太阳能资源具有时间不稳定性，在夜间无法直接利用，这对于居住建筑来说比较不利。太阳能蓄热取暖技术可将日间的太阳辐射进行蓄积，在夜间释放到室内。

建筑本体蓄热是指利用建筑物自身结构和材料，将太阳能等热量储存起来，并在有需要时使用这部分热量，以实现对室内温度的调节。建筑本体蓄热技术可以减少对传统供暖和空调系统的依赖，降低能源消耗和碳排放量。影响建筑本体蓄热能力的重要指标是建筑材料的比热容和材料质量。建筑材料的比热容越大，建材用量越多，所能够蓄积的热量也就越多。

一般来说，蓄热性能好的建筑结构，可以有效抵御外界温度波动，也就是具有更好的热惰性。围护结构的热惰性能够反映围护结构对室外气温波动的抵抗能力。围护结构热惰性越大，建筑物内表面温度受外表面温度波动影响就越小。传统的土坯房就是实现建筑本体蓄热的例子。传统北方建筑使用厚厚的夯土墙作为外墙，就是利用其导热系数小、热惰性好、热稳定性佳、蓄热能力强的优点。夯土或者砖块等材料可以在白天吸收太阳能并储存起来，在晚上释放出来，保持室内温度的稳定，实现冬暖夏凉。现代建筑中的混凝土也具有较高的热容量，可以在白天吸收太阳能并储存起来，在晚上释放出来，从而实现对室内温度的调节。

3.3.2 集热墙蓄热

集热墙又叫特伦布墙（Trombe Wall）是附设在房间墙面上的一种太阳能集热器，属于特殊构造蓄热，也就是利用非常规的建筑构造或构件实现太阳辐射热量的吸收与蓄积，并在有需要时释放热量进行取暖。

集热墙适用于我国北方太阳能资源丰富、昼夜温差比较大的地区，如西藏、新疆等，有望改善该地居民的居住环境，降低漫长冬季的建筑采暖能耗。在日间，集热墙利用阳光照射到外面有玻璃罩的深色蓄热墙体上，加热透明盖板和厚墙外表面之间的夹层空气，空气温度升高的同时密度降低，并在热压作用下流入室内，从而向室内提供热量。同时，集热墙墙体本身直接储存部分能量，再通过热传导向室内释放部分热量实现取暖。由于集热墙的热容量较大，墙体储存的能量较多，这部分热量会在夜间室外气温降低、室内有供暖需要时缓慢地释放到室内，营造舒适的室内热环境。这种太阳能热利用形式在本书第2.1节中也有介绍。

在传统特伦布墙的基础上，中国科学技术大学胡中停研究了一种新型的百叶型太阳能特伦布墙。其将具有选择性吸收特性且可调节角度与升降的百叶帘用于传统特伦布墙，既可以预防特伦布墙房间夏季过热，又有助于提升其冬季热效率。百叶帘的两个表面分别涂有高漫反射涂层（反面）与高吸收率涂层（正面）。百叶型太阳能特伦布墙系统在不同季节及一天中不同的时间段运行模式如下：

（1）夏季或过渡季节阳光猛烈时，百叶型太阳能特伦布墙采用通风模式。在热虹吸力的作用下，室内空气从下风口进入空气流道，带走百叶与蓄热墙体的部分热量，再从室外侧上风口流出到外界环境中。此时，百叶的高漫反射面朝向室外侧，目的是减少蓄热墙体的过度得热。

（2）室内有采暖需要且室外太阳辐射强度较高时，百叶型太阳能特伦布墙采用冬季采暖模式，开启室内侧风口，关闭室外侧风口，太阳辐照透过玻璃一部分照射到百叶帘，被百叶片吸收并加热空气流道内的空气。其余的太阳辐照通过百叶间隙直接投射到蓄热墙体表面，墙体吸热后温度升高，实现蓄热。室内空气在热虹吸的作用下由下风口被吸入，被百叶与蓄热墙加热，之后从上风口流入室内空间实现采暖目的。在该模式下，将涂有高吸收率的百叶面朝外，使其吸收更多的太阳能。

（3）冬季夜晚或者连续的阴雨天时，百叶型太阳能特伦布墙采用保温模式，此时关闭所有的风口，以防温度较高的室内空气通过空气流道倒流并冷却，导致室内热损失。在保温模式下，百叶闭合，在空气流道中形成两个空气窄层，从而抑制对流、增加热阻，减少室内向室外散失热量或者冷量。

常见的光伏电池组件的光电转换效率在30%以下，这就意味着大量的入射能量转化为热量。因此，中国科学技术大学马杨将特伦布墙与光伏发电技术结合，研究一种新的光伏建筑一体化技术，也就是光伏特伦布墙（PV-Trombe Wall）。这种新型墙体可以将部分入射太阳辐射以光伏发电的形式加以利用，同时将剩余部分的太阳辐射以热能形式进行利用。

根据光伏电池层位置的不同，光伏特伦布墙可以分为三类，分别是外置式、中置式和内置式。外置式光伏特伦布墙是将光伏电池层压于特伦布墙的玻璃盖板。内置式光伏特伦布墙与中置式光伏特伦布墙均是将光伏电池层与特伦布墙的吸热板进行结合。内置式光伏特伦布墙的光伏吸热板位于空气流道内侧，太阳辐射穿过玻璃盖板进入特伦布墙内，被光伏组件吸收，一部分能量转换成电能，其余的加热空气流道内空气；中置式光伏特伦布墙的光伏吸热板位于空气流道外侧。

三种光伏特伦布墙各有优缺点。外置式光伏特伦布墙的光伏电池层压于玻璃盖板之上，因而可以阻挡大部分阳光进入结构内部，实现更好的隔热作用，发电效率也更高；然而光伏电池产生的大部分热量会散失到周围环境中，不利于冬季太阳辐射取暖。内置式光伏特伦布墙的光伏电池层压在内部的集热板上，有利于冬季太阳辐射取暖；但是边框阴影投射到光伏组件上，对光伏发电效率会产生不利影响。相反，中置式光伏特伦布墙可以克服光伏电池产生热量散失环境空气中的缺点，也可以减轻边框阴影对光伏电池的负面影响。在实际应用中，应当根据建筑所在地的气候条件和建筑功能进行优化设计，确定光伏电池层的最优位置等设计参数。

3.3.3 相变材料结构蓄热

相变材料（Phase Change Material，PCM），是指在物质发生相态变化时，可吸收或释放大量能量（即相变焓）的一类材料。相变材料蓄热属于潜热蓄热，有较高的能量密度，且在储能过程中温度基本保持在一定范围内。将相变储能材料与建筑进行有机结合，可提升建筑围护结构的蓄热能力，提高室内环境的热舒适水平，有效降低制冷与采暖能耗。

相变材料结构蓄热，指的是相变材料与传统建筑材料复合制成相变建材（相变石膏板、相变混凝土、相变砂浆、相变涂料等），再用于建筑结构。这些相变建材可增加墙体的热容量，将暂时不用的大量能量（例如太阳辐射热量）存储起来，需要时再进行释放。由于同样体积相变建材的蓄热量是普通建材的几倍到几十倍，因此，少量的相变材料就能够起到相当好的蓄放热效果，并且一般可以在不增加或少增加建筑整体承重的情况下实现蓄热的要求。

相变材料结构蓄热的显著优点是减少室内温度波动，提高室内热舒适度，可降低建筑物采暖、空调系统的设计负荷，使建筑采暖、空调少用或者不用二次能源。同时，相变材料对能量的储存释放可以起到对能量消耗的"移峰填谷"（例如在建筑物中利用夜间廉价电进行采暖或制冷），能有效化解能量的供与求在时间、空间和强度上的不匹配矛盾，在降低采暖、空调系统的运行能耗上有非常大的发展潜力以及非常广阔的应用前景。相变材料结构蓄热研究对于构建资源节约型社会，实现资源、能源和环境三者的协调发展具有重大意义。

相变材料种类繁多。按材料类型分类，相变材料可分为有机相变材料、无机相变材料和复合相变材料；按相变状态分类，可分为"固相-气相""液相-气相""固相-固相""固相-液相"转化的相变材料；按相变温度分类，可分为高温相变材料（相变温度＞120℃）、中温相变材料（相变温度介于70～120℃）和低温相变材料（相变温度介于0～70℃）。

在各类相变材料中，"固相-气相""液相-气相"转化的相变材料在发生相变时因产生气体而导致体积变化不可控，以及气体泄漏等问题对设备、环境要求较高而很少使用。"固相-固相"转化的相变材料因存在成本高、塑晶、导热能力差、相变焓值过小、不易与其他结构材料相混合等问题，应用也较少。因此，目前最常用的相变材料为"固相-液相"转化的相变材料。

用于建筑节能领域的相变材料应当具有接近于室内舒适温度范围的相变温度。一般来说，用于冬季蓄放热的相变材料的相变温度宜为18～24℃，用于夏季蓄放热的相变材料的相变温度宜为22～27℃。为了使"固相-液相"相变材料在相变前后均可以保持稳定不泄漏，通常选用一些特定的方法和载体来"封装"，也就是吸收和容纳相变材料，制成具有稳定形态和储放热能力的复合相变材料。建筑材料中的相变材料的封装一般采用微胶囊法和多孔材料吸附法。

（1）微胶囊法。微胶囊法是利用特定的分散方法将相变材料分散成直径为微米级的小颗粒，再以聚苯乙烯、脲醛树脂等稳定性好的大分子材料为壳层来包裹相变材料，形成一层性能稳定的高分子膜，使相变材料封存在高分子膜内构成具有核壳结构的固体微粒。相变过程在微胶囊内部完成，不受外界环境影响，解决了"固相-液相"相变材料在相变过程中的体积变化和液相泄漏问题。同时，微胶囊较大的比表面积增加了换热面积，提高了储放热速率。另外，相变微胶囊颗粒较小且粒径均匀，易于加工利用。

（2）多孔材料吸附法。多孔材料吸附法是指以孔隙率高、比表面积大的多孔材料为载体，将液态相变材料吸入多孔材料孔隙中，制成形状稳定的复合相变材料。活性炭、膨胀石墨等多孔碳材料，硅藻土、膨胀蛭石以及膨胀珍珠岩等无机非金属矿物是研究较多的多孔载体。多孔载体的尺寸、形状、孔隙特征、表面与界面性质和导热性等，对提高复合相变材料的封装容量和改善其导热率起重要作用。与其他方法相比，多孔吸附法工艺简单、可操作性强。根据多孔材料吸附相变材料时是否将周围环境抽至真空，可将多孔吸附法分为真空吸附法和常压吸附法。真空吸附法能够利用真空负压将液态相变材料压入多孔材料的孔隙中。

近年来，相变材料在水泥基材料中的应用是国内外的研究热点。因为水泥基材料是用量最大的建筑材料，较石膏等墙体材料具有较大的热容，用水泥基材料作为相变材料的基体将会达到更好的储热节能效果。同时，相变材料可以实现混凝土的温度控制，应用于大体积混凝土可减少温度裂缝的产生，还能够在严寒地区改善混凝土的抗冻性。有学者提出将适宜的相变材料加入到高强无缝钢管中，并沿桥纵向分布进而实现对于大桥的温度控制和减轻冻融破坏的不利影响。

首先，用于混凝土的相变材料的封装材料首先要保证具有良好的相容性，与相变材料和混凝土集料不发生化学反应；其次，封装材料还要保证有良好的力学性能，保证相变材料物态变化过程中变形协调；再次，封装材料要有良好的密闭性，保证液化后的相变材料不会泄漏；最后，封装材料要有良好的传热性，保证相变混凝土结构温度分布的均匀性。

目前，相变建材产业发展还比较缓慢，商业化的产品没有得到大范围的应用。出现这种现象的主要原因有相变建材成本较高、稳定性较差、与现有建筑设计结合度不高等。一些相变建材存在封装率低、稳定性差、多次冷热循环后质量损失率高等问题，需进一步提高封装效率，降低封装成本，提高封装后产品的稳定性。另外，相变建材（特别是作为承重混凝土原材料的水泥基材料）的耐久性和长期性能的检测方法和指标要求尚不完善，亟须建立统一的检测标准。

目前相变材料结构蓄热还较少用于实际建筑，但国内外学者普遍认同相变围护结构的节能降碳潜力，并已经相继开展相变墙体、相变地板和相变窗等研究。

1. 相变墙体

相变墙体是将相变材料与传统材料复合制成的相变储能墙板。相变墙体可以减小建筑物内部的温度波动，提高室内环境的舒适度，还使得建筑物的空调冷负荷比传统建筑物低。在夏季日间，相变墙板中的相变材料吸收室内多余的热量，夜间利用自然凉风将这部分热量释放到室外，降低空调系统运行费用。应用于相变墙的相变材料应具有以下条件：合适的相变温度；较高的相变潜热；化学性质稳定、不泄漏、长期循环不变质；与建材相容；成本低；体积膨胀率小，无毒、不易燃烧。

2.相变地板

相变材料在地板中的应用方式主要是将相变材料直接加入地板混凝土中，或者采用分散封装、微胶囊法将相变材料应用于地板结构层中，结合地板辐射供暖（冷）系统调节室内温度。科学家们开展相变地板和普通地板的对照实验研究，做法是将相变材料用胶囊封装，然后放入混凝土层中。使用恒温热水加热相变地板和普通地板8h，剩下的16h停止加热，让相变地板中的相变材料放热。结果表明，在不加热的16h内，含相变材料的地板比普通地板表面温度波动较小。

3.相变窗

相变窗指的是将具有适宜相变温度的相变材料填充于夹层结构内，在环境温度较高或太阳辐射猛烈时吸收热量并以潜热形式蓄存，并在环境温度降低到熔点温度以下时释放（图3-14）。与相变墙体和相变地板类似，相变窗利用相变材料具有储能密度大、吸放热近似恒温的特点，可以减缓室内温度随室外温度变化的波动，提高室内环境的热舒适度，降低空调及采暖系统能耗。挪威科技大学Goia设计并测试以石蜡（RT35，相变温度为35℃）为夹层的相变窗的热工性能，发现与传统的双层玻璃窗相比，相变窗可降低20%～55%的室内得热。

类似地，印度学者Francis Luther King开展石蜡（RT35）相变窗对照实验，发现普通窗与相变窗的室内空气温度波动分别为21℃和11℃；相变窗内表面温度与室内温度峰值均比普通窗降低约9℃，空调制冷能耗减少3.76%。波斯尼亚萨拉热窝国际大学Durakovi开展石蜡（RT27）相变窗与水夹层窗、中空窗对比研究，发现与中空窗相比，水夹层窗实现温度峰值延迟1h，而相变窗则延迟3h。我国广东工业大学陈颖教授团队利用正十八烷等材料制备了一种具有较高熔化焓的相变凝胶并将其用于相变窗。相变窗与普通双层窗的热工性能对照实验结果显示，相变窗可延迟并降低表面温度峰值；延迟时间和峰值温度降低幅度取决于太阳辐射强度和相变夹层厚度。

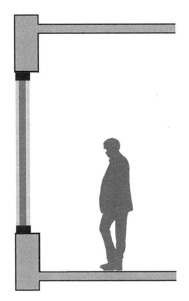

图 3-14 相变窗结构示意图

值得注意的是，双层相变窗的隔热性能受到相变材料导热系数、夹层厚度、固液相态等因素影响，在特定条件下有可能增强室内外传热。挪威科技大学Goia在研究中发现，若相变材料石蜡在日间太阳辐射较强时已处于完全融化状态，可能反而增加室内得热与空调制冷负荷。为解决此问题，东北石油大学李栋教授课题组将Al_2O_3-CuO纳米粒子掺入相变材料，以改善相变窗隔热性能和建筑综合节能效果，并结合实验测试和理论模型明确最优配比。我国东南大学李舒宏教授团队提出三层保温相变窗结构，利用空气夹层提高窗体的隔热性能。结果显示，其建筑节能效果优于双层相变窗和三层中空窗，建筑能耗分别降低21.30%和32.80%。东北石油大学李栋教授课题组还尝试将二氧化硅气凝胶用于三层相变窗的夹层，研究发现窗体的保温效果优于空气保温层且有利于相变材料蓄热，从而维持更稳定的室内热环境，取得更优的建筑节能效果。

为强化相变窗的建筑节能效果，我国东北大学学者采用具有双层和三层相变夹层的窗体设计，增加单位面积窗体的潜热蓄能容量，并建立理论模型研究窗体结构、相变材料性能对热工性能的影响。湖南大学刘忠兵教授团队将相变窗与真空窗技术相结合，设计一种可旋转真空相变窗。根据环境条件调整相变层与真空层的相对位置，可主动控制室内外之间热量流动。模拟研究结果显示，在长沙气候条件下，可旋转真空相变窗与普通真空窗相比可降低冬季热负荷12.40%、夏季冷负荷93.79%、全年冷热总负荷28.70%。中国科学技术大学季杰教授团队还将相变窗与光伏技术相结合，提出一种集成式相变光伏通风窗。与无相变夹层的光伏通风窗相比，相变材料的加入可提高光伏组件的光电转化效率，而且有助改善室内热舒适水平。仿真模拟结果显示，在合肥气候条件下，全年空调系统能耗降低1246.87 kW·h。

同时，相变材料还可以和太阳能采暖、电加热地暖、空调通风制冷等设备结合，成为"主动式"蓄能体，可以通过换热装置和换热介质进行主动调节与控制，如相变换热器、相变集热器、相变蓄热箱、相变采暖系统等。相变储能元素的加入可以提高原有系统的效率，降低系统运行的成本，尤其是可再生能源的储存、谷电的能量转移，储能系统更具有优势。以相变材料与太阳能采暖结合为例：在冬季，太阳能采暖系统可以通过集热器将太阳辐射转化为热能，并将其储存在相变材料中。当室内温度下降时，相变材料会释放之前储存的热量，从而提高室内温度。这种系统不仅可以减少对传统能源的依赖，还可以提高建筑物的能源利用效率。

3.3.4 相变蓄热技术的自适应

相变材料用于建筑围护结构可以实现对室内温度波动的控制，营造更加舒适的热环境。值得注意的是，相变围护结构通常考虑的是建筑物的间歇使用，并通过控制热量在室内外之间的传递延迟实现节能。例如在炎热季节，人们利用相变材料在日间蓄热，减少进入室内的热量，并"任由"这部分蓄积的热量在夜间进入室内。但是，对于24h持续使用的建筑物来说，这种设计并不完美，因为它牺牲了夜间的室内热舒适。

基于这个问题，西班牙莱里达大学Alvaro de Gracia教授等提出一种具有自适应功能的相变墙体。这种自适应相变墙体具有五层结构，分别是：最外层的面层，第二层含有相变材料的可动结构，第三层的隔热保温材料，第四层的不含有相变材料的可动结构，第五层的室内面层。其中，第二层和第四层可以通过导轨结构互换位置，并实现相变材料的位置改变。这种自适应相变墙体的工作原理如下：在炎热夏季的日间，可以将具有相变材料的结构置于靠近室内一侧，并从室内外同步吸收热量，起到减少室内得热量和制冷负荷的作用。而在夜间，可以将具有相变材料的结构置于靠近室外一侧，将蓄积的热量释放到室外环境，而非任由这部分蓄积的热量进入室内"烘烤"室内人员。

不过，在寒冷的冬季，这种自适应相变墙体更加适用于夜间使用的建筑物，也就是住宅类建筑。因为它可以在日间将相变材料结构置于靠近室外位置，吸收太阳辐射热量实现蓄热。而在夜间将相变材料结构转向室内一侧，实现利用日间所蓄积的热量对室内采暖。但是对于日间使用的建筑物，例如办公建筑，相变材料的位置就比较"尴尬"，因为无论位于内层还是外层，都会吸收热量，对室内的采暖系统造成额外负担，并在夜间释放热量造成能量的浪费。

相变百叶是我国东北石油大学李栋教授提出的一种具有自适应功能的相变材料围护结构（图3-15）。由于相变百叶的灵活调节性能，其时间与空间适用性优于自适应相变墙体。例如对于建筑物的使用时间集中在日间的办公建筑，相变百叶的主要使用场景是炎热夏季。在日间放下相变百叶，吸收太阳辐射热量，并减少室内得热。在夜间或房间无人时，释放热量。在寒冷冬季的日间，可以收起相变百叶，实现利用太阳辐射直接取暖。对于住宅建筑，若建筑物主要使用时间是夜晚，则相变百叶的主要使用场景是寒冷冬季。在日间放下相变百叶，吸收太阳

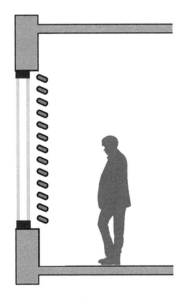

图3-15　相变百叶

辐射热量并蓄积，而在夜间提供取暖。李栋教授团队将这种具有自适应功能的相变百叶用于一户典型农宅的太阳房，发现可以有效减少采暖能耗5.27%（当室内温度维持在18℃）和13.88%（当室内温度维持在20℃）。

3.4 天空辐射制冷技术

3.4.1 天空辐射制冷技术原理

天空辐射制冷技术是指地球表面物体通过"大气窗口"波段（主要在8～13μm）向宇宙发射红外辐射以实现自身降温的过程。

宇宙背景是温度大约为2.7K的理想黑体光谱，地球表面平均温度约为290K。因此，地球向宇宙的红外辐射可用于冷却地球表面物体。具体来说，地表和大气层吸收太阳辐射，同时也会以红外辐射的形式向外太空辐射能量，这两者之间的平衡决定了地表的平均温度。由于各类大气分子、气溶胶以及云的散射和吸收作用，太阳辐射（0.3～2.5μm）会沿传播路径逐渐衰减。同时，地表红外辐射（2.5～50μm）在通过大气层时也会发生吸收和散射，仅有一部分可以穿透大气层进入外太空。这部分可以穿透大气层的辐射波段主要集中在"大气窗口"波段（主要是8～13μm），其辐射能即为天空辐射制冷的冷量来源。作为一种无需能量输入的制冷技术，天空辐射制冷可为应对能源危机及全球气候变化提供新的思路。

几百年前——远在制冷设备出现前，印度人和伊朗人就曾利用天空辐射制冷原理在温度高于冰点的情况下制造冰块。他们将水注入大而浅的陶瓷缸，缸的周边围上干草以隔热。然后他们将这些缸放在室外晴朗的夜空下。在适当的条件下，水释放出热量，使水温低于周围空气的温度，并产生结冰现象。在夏天清晨，玻璃表面和植物叶片上常出现一层霜花或露水，也是同样的原理在起作用。

早期的天空辐射制冷技术仅能够在夜间发挥制冷作用，也就是夜间天空辐射制冷。夜间天空辐射制冷指的是在夜间达到低于环境温度的冷却，宽谱和选择性辐射材料均可实现这一功能。夜间天空辐射制冷材料一般可分为：聚合物（PMMA、PVC、PPO树脂和其他复合高分子材料），无机薄膜（一氧化硅、二氧化硅、氮氧化硅和各类涂料等），气体（氨、环氧乙烷、乙烯或这些气体的混合物）。近年来，得益于微纳技术研究的成果，科学家研发出了新型日间天空辐射制冷材料（多层无机光子薄膜、粒子杂化超材料、分级多孔聚合物涂层、纳米多孔织物、超纤维织物、辐射冷却木头等多种类型）。这些日间天空辐射制冷材料在太阳辐射波段（0.3～2.5μm）具有较高的反射率，在"大气窗口"波段（8～13μm）具有较高的发射率。

天空辐射制冷织物也可以通过"个人热管理"来减少建筑热环境调节能耗，从而在不影响或少影响建筑人员热舒适水平的前提下，促进节能减排。随着人们越来越注重热舒适性，可穿戴电子设备及智能纺织品的出现催生了个人热管理技术的发展。该技术聚焦于将个人体温调节功能融入日常服装设计中。将辐射制冷技术理念中对人体红外波段的辐射或太阳辐射的调控与个人热管理技术相融合，衍生出了多样的可穿戴织物。该类织物可通过添加纳米金属颗粒层或多层纤维结构实现对不同波段辐射的调控。Zeng Shaoning等采用PTFE粒子、TiO_2粒子以及PLA纤维编织了辐射制冷织物。在与普通棉织物进行对比的实验中，该织物表面温降可达4.8℃。Yue Xuejie等利用多孔银/纤维素/碳纳米管（CNT）制备纳米纤维膜，基于CNT涂层90%以上的太阳吸收率和银涂层高于70%红外反射率，实现了太阳热量输入最大化和人体辐射热量输出最小化，可显著提高寒冷环境中的人体热舒适性。

目前，已有商业化的环保、自清洁、耐用的天空辐射制冷涂料，可在夏季阳光直射下为建筑物降温，有效降低空调能耗。我国香港城市大学的曹之胤博士团队展开了相关研究工作，并在我国香港东涌创新中心的屋面测试这种新型涂料的制冷功效，发现使用涂料可使室内温度降低5～6℃，可节省8%～10%空调制冷耗电量。美国马里兰大学帕克分校胡良兵教授团队与科罗拉多大学波尔得分校尹晓波教授团队合作，利用过氧化氢脱去天然木材中的木质素，再经过致密化处理，制出机械强度超过天然木材8倍且昼夜皆可辐射制冷的新型材料。"辐射制冷木材"的外观呈白色，具有极高的反射率（96%），可以将大部分阳光反射出去。实验结果表明，这种"辐射制冷木材"在大气红外辐射窗口（8～13μm）的平均辐射率大于0.9，可有效散发热量，从而实现天空辐射制冷。

3.4.2 天空辐射制冷在建筑中的应用

天空辐射制冷建筑的实际案例并不多见，相关技术多处于研究阶段。国内外学者将日间辐射制冷材料直接应用于建筑围护结构表面，尤其是高天空视域因子的屋顶，可以减少建筑冷负荷，带来可观的节能效果。有学者在美国怀俄明州测试对比辐射制冷超材料屋顶与普通瓦屋顶搭建的模型室，结果显示屋顶表面和室内的最大温差分别为28.6℃（辐射制冷超材料屋顶）和11.2℃（普通瓦屋顶）。杭州萧山国际机场T4航站楼廊桥是天空辐射制冷技术应用于大型公共建筑的案例。根据统计数据，在应用辐射制冷技术后，单个廊桥的年空调制冷节能率高达43.7%。同时，辐射制冷屋顶相比普通屋顶具有更高的太阳光反射率和中红外发射率，可缓解城市热岛效应。

虽然目前已有许多可实现全天天空辐射制冷的材料，但天空辐射制冷技术的商业化应用仍面临诸多挑战，如冷却功率密度低、装置和系统的开发尚不完全成熟等。亟待解决的问题如下。

1.提高天空辐射制冷材料的冷却功率

天空辐射制冷技术商业化的挑战之一是如何提高天空辐射制冷材料的冷却功率。由于天空辐射制冷技术的能量密度较低，所以必须大面积使用才能够取得较大的制冷能量收益。然而，随着人们对于可再生能源需求的增加，有限的面向天空的面积使辐射制冷与太阳能建筑一体化技术之间存在竞争。对于城市多层或高层建筑，BIPV也即光伏建筑一体化越来越成为绿色建筑的发展趋势，也是实现建筑碳中和的重要内容，但是如何合理分配光伏发电与天空辐射制冷对建筑屋面和立面的占用，使得收益最大化是一个需要深入研究的问题。同时，在高密度城区，即使建筑屋面全部安装天空辐射制冷材料，但仍有可能被周围的高楼大厦遮挡，无法实现向太空"全功率"散热制冷。同时，若在建筑物的立面安装天空辐射制冷材料，则意味着即使是周围全无遮挡，这些天空辐射制冷材料也只能发挥一半甚至更低的功用。因为不受遮挡的垂直立面的天空可视因子为0.5。其中，天空可视因子（Sky View Factor，SVF）是介于0~1之间的无因次数，表示从地面可见的天空比例。也就是说，即使周围没有遮挡，垂直立面所能够发生直接辐射传热的天空比例也仅为整个天空的50%。若受到周围建筑物等的遮挡，实际的天空可视因子可能更小。

2.天空辐射制冷材料的耐候性及耐久性

天空辐射制冷技术商业化的挑战之二是如何提高并验证天空辐射制冷材料的耐候性及耐久性。目前，天空辐射制冷相关的新型材料多处于实验室测试阶段，投入实际工程应用的还比较少，其在真实室外环境（特别是冰霜雨雪的侵蚀）下的持久性能尚有待进一步研究与证实。在建筑屋面和外立面的积水、积尘问题，给辐射制冷材料在室外保持良好的性能带来挑战。虽然目前已有针对自清洁疏水辐射制冷材料的研究，然而由于其制造工艺复杂，实现自清洁材料规模化生产仍有一定困难。

3.降低天空辐射制冷材料的成本以提升其经济性

天空辐射制冷技术商业化的挑战之三是如何平衡天空辐射制冷材料的成本与制冷性能以提升其经济性。目前，大部分基于聚合物的辐射制冷材料已经具有实现规模化生产的潜力，但是材料本身的机械性能较难适应室外严苛的环境条件，在实际应用中需考虑和评估这些材料的寿命。同时，新型的天空辐射制冷材料的价格相对较高，这导致投资回收年限可能较长。

3.4.3 天空辐射制冷的自适应

天空辐射制冷技术在建筑领域的发展应该有多条技术路线。首先是上文提及的材料创新与优化，以提高天空辐射制冷材料的制冷功率、增强材料的耐候性和耐久性，降低材料成本和投资回收年限。其次是增强天空辐射制冷技术的自适应性能，或者说是天空辐射制冷结构对气候和环境的适应性。由于天空辐射制冷技术属于自发热辐射原理制冷，其在冬季仍持续制冷并可能会导致其所附着的建筑结构温度降低，从而有可能增加室内的热负荷与采暖能耗。对于采暖需求较大的严寒和寒冷气候区域，这种冬季过冷效应有可能与夏季免费制冷收益相抵消，严重影响天空辐射制冷的经济性。

在天空辐射制冷技术的自适应方面，Quan Zhang等发明了一种高性能、智能自动切换、零能耗的双模辐射热管理装置。该装置可以在太阳加热和辐射冷却模式下实现高效的热管理性能，并根据温度自动切换。这种双模装置最大化了太阳加热和辐射冷却在热管理中的零能耗优势，可以充分利用自然界中的可再生能源，如太阳热和空间冷却。该技术通过双模装置中的温度敏感致动层和辐射冷却层之间的内部应力来实现自动切换，而不需要外部能源。

当环境温度升高时，致动层会收缩，为了消除辐射冷却层和致动层之间的内部应力，辐射冷却层会逐渐展开，直到完全覆盖太阳加热层以进行冷却。当环境温度降低时，致动层则相反地响应以尽可能多地暴露太阳加热层。这项技术的平均太阳加热功率约为859.8W/m^2（对应于约91%的太阳热转换效率），平均天空辐射制冷功率约为126.0W/m^2。将这种双模辐射热管理装置用于建筑外围护结构，具有很好的节能效果，可以减少对化石能源供应的需求。

本书作者所在团队研究提出了一种可翻转的天空辐射制冷窗结构，确保仅在建筑物有制冷需要时提供天空辐射制冷。这种新型窗体结构叫作可翻转天空辐射制冷光伏玻璃窗（RRC-PV窗）（图3-16）。窗体可内外翻转，采用碲化镉光伏玻

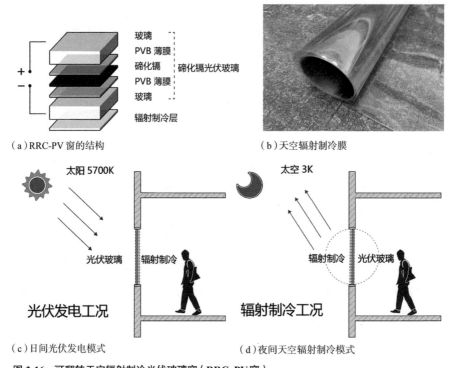

（a）RRC-PV窗的结构　　　　　　　　（b）天空辐射制冷膜

（c）日间光伏发电模式　　　　　　　　（d）夜间天空辐射制冷模式

图3-16　可翻转天空辐射制冷光伏玻璃窗（RRC–PV窗）

璃（或其他类型的半透明光伏玻璃）背面附着半透明的天空辐射制冷材料薄膜制成。目前，市场上已经有商业化的天空辐射制冷薄膜产品。薄膜附有背胶，可以较为方便地粘贴在建筑材料表面，适用于新建建筑和既有建筑的节能改造。碲化镉光伏玻璃技术发展比较成熟，其颜色、纹理和太阳/可见光透射率可以根据建筑立面外观和采光要求进行定制。

光伏玻璃的正面在白天面向室外环境，将部分入射太阳能转化为电能。辐射冷却膜则减少透射到室内的太阳辐射，有助于营造舒适的室内光/热环境，防止眩光，并有助于降低室内冷负荷和空调制冷能耗。其余的太阳辐射部分被反射到周围环境，部分以热量的形式储存在玻璃窗内。在供冷季节的夜间，将RRC-PV窗户翻转，天空辐射制冷膜不断地将热量辐射到低温太空，使得窗体温度下降，并通过对流/辐射热传递从室内空间吸收热量，进而使白天储存在建筑结构中的热量得以释放，实现房间自然降温。通过这种方式，RRC-PV窗就成为连接室内热量与宇宙空间无限冷源的"窗户"。

本书作者所在团队针对这种新型的RRC-PV窗进行了实验测试，并比较其与普通透明玻璃窗和光伏窗的光学、热学和电学性能差异。结果表明，RRC-PV窗有助于保持较低的室内空气温度并减少制冷负荷。后续，建立普通透明玻璃窗、光伏窗和RRC-PV窗的物理模型，并研究其在深圳市的气候条件下的全年节能潜力。结果显示，利用RRC-PV窗代替普通的透明玻璃窗，可以有效降低室内热增益。当窗口朝南，房间的全年制冷量减少208.16MJ/m^2，采暖时的室内得热降低了32.47MJ/m^2。RRC-PV窗每年可将211.97MJ/m^{2}的入射太阳能转化为电能，转换率为5.04%。

值得注意的是，光伏玻璃的选择对于太阳能发电量具有决定性作用，本案例中的光伏玻璃的光伏电池覆盖率为60%。在实践中，更高的光伏电池覆盖率可能取得更好的可再生能源发电效果，但是有可能在清晨、黄昏或者阴雨天影响室内采光。综合建筑节能潜力是根据制冷/制热季节的发电量和室内得热量变化计算的。与透明玻璃窗相比，RRC-PV窗的整体节能潜力为264.23 MJ/m^2。

CHAPTER

4

建筑"光储直柔"

4.1 建筑"光储直柔"概述

建筑的"光储直柔"(PEDF)是指在建筑领域对太阳能光伏(Photovoltaic)、储能(Energy Storage)、直流配电(Direct Current)和柔性交互(Flexibility)四项技术的综合应用。"光储直柔"技术是实现能源系统脱碳的重要支撑,有利于直接消纳风电光电。

"光"是指在建筑区域内建设分布式太阳能光伏发电系统。太阳能光伏发电是未来主要的可再生电源之一,而总面积巨大的建筑外表面是发展分布式光伏的高潜力空间资源。

"储"是指在供电系统中配置储能装置,用电低谷时将富余电量储存,用电高峰时释放电量。以电池储能技术为代表的电化学储能具有响应速度快、效率高及对安装维护要求低等优点。建筑中应急电源、不间断电源等已普遍采用电化学储能。

"直"是指形式简单、易于控制、传输效率高的直流供电系统。在建筑中采用直流供电系统的主要原因在于其具有形式简单、易于控制的特点,便于光伏、储能等分布式电源灵活、高效地接入和调控,实现可再生能源的大规模建筑应用;同时,利用低压直流安全性较好的特点,打造安全的用电环境。

"柔"是指建筑能够主动改变建筑从市政电网取电功率的能力。传统建筑能源供应主要是解决电力供应和建筑用能二者之间的关系,而建筑用能的柔性要解决的问题是电网供应、分布式光伏、储能以及建筑用能四者的协同关系。为此,需要根据清洁能源的发电情况,柔性调节建筑用电需求,使建筑用电与清洁能源发电实现实时匹配。发展柔性技术对于解决当下电力负荷峰值突出问题、未来与高比例可再生能源发电形态相匹配的问题具有重要意义。可以说,在"光储直柔"中,"柔"是最终的目的。也就是说,"光储直柔"的目标是使建筑用电由刚性负载转变为柔性负载,而"光""储""直"是实现"柔"这一终极目标的必要条件。

建筑领域的光伏利用已经在本书第2章进行了详细介绍,因此,本章后续几节将介绍建筑储能、直流用电和柔性用电技术发展与展望。

4.2 建筑储能技术

4.2.1 建筑储能概述

建筑储能的目的是实现电能、热量、冷量等能量的储存和管理，也就是在能量充足或成本较低时，将能量以物理、化学等方式存储起来，接着在能量供给不充足或是用能成本较高时使用。建筑内可利用的各类具有储能能力的设备、设施都可以作为"光储直柔"系统中的储能资源（图4-1）。

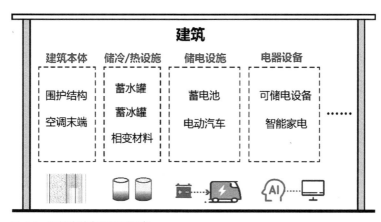

图 4-1　建筑中的各项储能设备

建筑本体围护结构可发挥一定的冷热量蓄存作用，与暖通空调系统特征相关联后可作为重要的建筑储能/蓄能资源；水蓄冷、冰蓄冷等是建筑空调系统中常见的可实现电力移峰填谷的技术手段，在很多建筑中已得到应用。

建筑中可发挥蓄能作用的资源还包括电动车和各类电器。电动汽车作为一种重要的蓄电池资源，可对建筑能源系统发挥有效调蓄的重要作用，有望成为实现交通、建筑、电力协同互动的重要载体。

以太阳能为代表的可再生能源具有间歇性与不可控特性，这就造成了可再生能源发电与用电之间的"错配"现象。随着可再生能源渗透率的不断提高，这一"错配"问题还将加剧。发电与用电的"错配"可分为短期、中期、长期的不同时间尺度。短期错配主要表现在日内不匹配。比如光伏发电在白天有可能大于用电需求，而夜间没有太阳能，也就没有光伏电力输出。即使保证一天内的光伏发电总量等于用电量的总和，也极有可能会出现小时级别的差异。长期错配主要为季节性的不匹配，也就是由于每月的可再生能源发电量与用电量不同，出现了某些月份可再生能源电力不足的情况。

目前，建筑的储能设备多用于解决日内不匹配的问题。虽然通过系统优化设计，可以使光伏发电的日发电量总和基本上等于建筑的日用电总量，但是由于可再生能源发电量与建筑物用电量在各个时刻并不完全相等（事实上，二者几乎在所有时刻都是不相等的），还是极易产生光伏发电与建筑用电在日内不匹配的问题。

图4-2中的数值柱代表的是一天24h的光电和风电发电量，折线代表的是全天的用电负荷波动；阴影区域面积即为所需的储能容量。也就是说，光伏建筑应当具有与电网交互的功能，实现发电有余时上网，发电不足时取电；或配备储能系统，在日间将多余的光伏发电量储存起来，供建筑夜间使用。下文将介绍蓄电池储电、蓄冷空调及新型的储能砖和储能混凝土等技术在建筑中的应用。

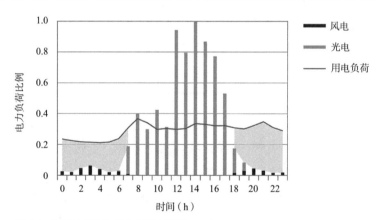

图 4-2 可再生能源与发电的错配问题

4.2.2 蓄电池储电

光伏建筑常配备蓄电池储电系统，实现光伏发电能量的时移调度和建筑物瞬时功率的平衡控制。蓄电池是一种将化学能转化为电能并在需要时释放出来的电化学储能装置，其工作原理是通过在正负极之间引入可逆的氧化还原反应来实现储能和释能。当蓄电池充电时，正极吸收电子，负极释放电子，从而将化学能转化为电能并存储在蓄电池中。而当需要使用这些储存的能量时，蓄电池通过反向的氧化还原反应将储存的化学能转化为电能输出。

蓄电池储能在太阳能发电、风力发电等领域得到了广泛应用。在光伏建筑中配备蓄电池储电系统有助于最大化利用光伏发电，平抑光伏波动和负荷波动，促进就地消纳，提高对电网的友好性。此外，光伏建筑具备储能能力以后，可以解决电网暂降等电能质量问题，还可以在电网计划停电或者意外中断时短时供电，有效提高负荷供电可靠性。

建筑蓄能需要使用高性能、高安全性、长寿命的电池。目前市场上常用于建筑蓄能的电池主要是铅酸电池和锂离子电池。铅酸电池是一种成熟的储能技术，具有成本低、安全可靠等优点，适用于小规模储能和短时间高功率输出的场合。锂离子电池能量密度和功率密度都比较高，是比较理想的能量存储介质，尤其是近年来随着电动汽车的快速发展，锂电池价格等也在快速下降。因此，越来越多的应用场景中选择将锂电池作为储能电池。

另外，一些专家认为钠离子电池将成为未来储能市场的主流。相比于传统的锂离子电池，钠离子电池具有更高的能量密度、更低的成本和更广泛的资源储备等优点。此外，钠离子电池还具有良好的安全性和环保性，不会产生重金属等有害物质。因此，钠离子电池在大规模储能、智能电网等领域具有广阔的应用前景。目前已经有多家企业开始研发和生产钠离子电池，并取得了一定的进展。

在实践中，光伏建筑储能系统应全面考虑安全可靠性、部分荷电状态下工作适应性和成本问题。首先，安全性是储能技术应用在光伏建筑中的首要考虑要素。建筑储能的安全是一个系统工程，一方面要求储能系统具有本质安全性，失效的风险小，后果轻微；另一方面要求储能系统的运行、管理和维护应有完整的标准体系，以保持整个生命周期内的良好安全状态。光伏建筑储能系统的设计应符合现行国家标准《建筑光伏系统应用技术标准》GB/T 51368—2019和《电化学储能电站设计规范》GB 51048—2014的有关规定。其次，由于光伏发电出力随天气等因素变化而导致的间歇性和不确定性，光伏建筑配置的蓄电池经常在部分荷电状态模式下运行，可能导致电池经常处于欠充状态，大大降低电池循环寿命。因此，选用的电池必须能够适应部分荷电状态工作模式。最后，建筑储能系统必须在安全使用的基础上实现经济效益最大化，才能大规模应用，促进节能减排。降低成本一方面需要选用适合建筑使用的先进、低成本储能方式，另一方面要根据能量管理的目标合理选用储能的容量，提高经济效益。

值得注意的是，建筑储能技术并非储能电池技术的简单移植。如何与建筑使用场景特点结合来保证电池安全散热，如何合理管理电池来匹配建筑负荷特性，都是储能电池应用于建筑场景所必须解决的关键问题。除了电池研发与生产的"硬技术"外，针对现有技术的运行模式创新对于提供实用、经济的储能需求解决方案具有重要意义。例如随着电动车的普及，具有双向充放功能的充电桩可把电动车作为建筑的移动储能（类似充电宝）来使用——在建筑用地红线范围内建设适当数量的充电桩，根据可再生能源发电和建筑电气设备用电的实时变化情况，利用电动车的充放电来综合调控，根据二者之间的差值判断是否需要从建筑物取电或主动向建筑物供电，从而实现了建筑充放电的作用。这种方法可以提高可再生能源利用率，并减少对传统能源的依赖。

4.2.3 蓄冷空调

在蓄冷空调系统中，空调制冷设备利用夜间低谷电制冷，将冷量以冷水或凝固状相变材料的形式储存起来，而在空调高峰负荷时段部分或全部地利用储存的冷量向空调系统供冷，以达到减少制冷设备安装容量、降低运行费用和电力负荷削峰填谷的目的。蓄冷空调的蓄冷方式有两种：一种是显热蓄冷，即蓄冷介质的状态不改变，降低其温度蓄存冷量；另一种是潜热蓄冷，即蓄冷介质发生相变，以潜热（为主）与显热相结合的方式蓄存和释放冷量。

根据蓄冷介质的不同，蓄冷系统又可分为三种基本类型：

（1）第一类蓄冷空调采用水蓄冷，即以水作为蓄冷介质的蓄冷系统。水蓄冷是利用水的显热容量蓄冷，需要较大体积的蓄冷槽。实施水蓄冷的基本条件是当地有峰谷电价的供电政策或有对蓄能优惠的电价政策，以冷冻水为冷源的电制冷空调系统在低电价时段有空余的制冷机组供蓄冷用，而且建筑物中具有可利用的消防水池或可建蓄水池的空间（绿地、露天停车地下，空闲地或可作为水池的地下室等）。

水蓄冷采用标准型制冷机，价格便宜、运行效率高，不需要特殊设备。冷量储存的类型有温度分层型、多水池型、隔膜型或迷宫与多水池折流型等。一般来说，温度分层型简单有效，是利用水在不同温度时密度不同这一物理特性，依靠密度差使温水和冷水之间保持分隔，避免冷水和温水混合造成冷量损失。

水蓄冷空调系统可采用直接供冷或间接供冷的形式。采用直接供冷时，蓄冷槽的供冷温度为4～7℃；采用间接供冷时，蓄冷槽的供冷温度为5～9℃。除了蓄冷，水体也可以用在采暖季节蓄热，即利用供热设备制备热水并储存，在电费较高时用热。热水温度根据系统运行的具体情况而定，蓄热温度通常在60～95℃。

（2）第二类蓄冷空调采用冰蓄冷，即以冰作为蓄冷介质。冰蓄冷空调系统从制冷系统构成上可分为直接蒸发式和间接载冷剂式。直接蒸发式是指制冷系统的蒸发器直接作用于制冰元件，如盘管外结冰、制冰滑落式等；间接载冷剂式是指利用制冷系统的蒸发器冷却载冷剂，再用载冷剂进行制冰。

根据制冰方式的不同，冰蓄冷空调系统可分为静态型制冰和动态型制冰两种。静态型制冰，冰的制备和融化在同一位置进行，蓄冷设备和制冰部件为一体结构，具体形式有冰盘管式、完全冻结式、密封件式等多种形式；动态型制冰，冰的制备和融化不在同一位置进行，制冰机和蓄冰槽相对独立，如冰片滑落式和冰晶式系统。冰蓄冷的蓄冷密度大，蓄冷设备占地小，在停电时可作为应急冷源。

冰蓄冷温度低，蓄冷设备内外温差大，其外表面积远小于水蓄冷设备的外表面积，因此，冷量的损失少，蓄冷效率高；冰蓄冷还可提供低温冷冻水，适用于低温送风系统，减少水泵和风机的容量和管路直径，有利于降低蓄冷空调的造价。冰蓄冷空调系统包括空调主机、冷水泵、冷却水泵、冷却塔、蓄冷水泵、释冷水泵、换热器、储冰槽等。

（3）第三类蓄冷空调采用共晶盐相变蓄冷，即以共晶盐相变材料作为蓄冷介质。共晶相变材料按材料可分为有机–有机共晶（例如有机酸共晶和石蜡等）、无机–无机共晶（例如金属合金相变材料、水合盐及熔融盐共晶相变材料等）和有机–无机共晶相变材料（例如有机酸和水合盐的共晶相变材料等）。目前应用较广的共晶盐相变温度为8～9℃，相变潜热约为95kJ/kg。

蓄冷空调系统中的相变材料蓄冷介质大多装在板状、球状或其他形状的密封件里，再放入蓄冷槽中。一般来说，同样蓄冷量的共晶盐相变蓄冷槽的体积比冰蓄冷槽大，比水蓄冷槽小。共晶盐的相变温度较高，可以克服冰蓄冷要求很低的蒸发温度的弱点。共晶相变材料能通过调整各组分比例来控制相变温度，而且能一定程度上改善材料过冷度和相分离等问题，是调节相变材料热物性的一种重要方法，但共晶相变材料的制备工艺较为复杂，需要围绕共晶点按比例形成共晶物，且组分比例与相变温度不呈线性规律，应用前需要进行大量预实验，过程繁琐复杂。

4.2.4 新型的储能砖和储能混凝土

利用建筑物主体结构进行能量存储具有革命性意义。由于建筑物结构的体积大，即使单位体积的能量不高，能量存储的总量也可以很大。美国圣路易斯华盛顿大学王泓民及其团队发现了一种在红砖上诱导生长导电聚合物纳米纤维的化学合成方法，从而使得储能砖的想法成为可能。

为了让红砖"变身"储能砖，科学家将红砖放在了化学反应物蒸汽中，并将其表面的氧化铁转化成一种蓝色的可以导电的塑料（一种导电高分子，具有电化学活性，可用于储能）。当两块红砖中间夹一层电解质时，这个"三明治"结构便可以储存电荷，两块砖头分别为这个装置的正极和负极；当多块砖头堆叠在一起的时候，根据电路的不同，可以串联或并联，从而为电器供电。同时，他们还尝试在混凝土表面掺入薄薄一层红色染料（主要成分为氧化铁），制备出储能混凝土。

瑞典查尔默斯工业大学建筑与土木工程系（Department of Architecture and Civil Engineering, Chalmers University of Technology）的Luping Tang教授也开发出可充电水泥基电池，用作功能性混凝土。他们在水泥基混合物中加入少量短碳纤维以增加导电性和弯曲韧性。然后，在混合物中嵌入一层金属涂层碳纤维网——阳极为铁，阴极为镍，设计出可充电水泥基电池，也就是可以充电的混凝土电池。

研究结果表明，可充电水泥基电池具有约7 Wh/m²或0.8 Wh/L的能量密度。

尽管0.8 Wh/L的能量密度明显低于商用电池，但就建筑的巨大体积而言，仍然存在大规模建造可充电水泥基电池的巨大机会。

4.2.5 其他储能形式

1.电储能

电储能主要有超级电容和超导电磁储能两种形式。

超级电容是一种新型储能器件，兼有传统电容的高功率特性和电池的高能量特性。同时，超级电容器还具有高比功率、大电流充放电能力、长寿命、温度范围广，尤其超低温性能好、高可靠性、免维护、绿色环保等特点。超级电容的循环充放电次数比电池充放电次数要大很多，因为超级电容充放电是物理的过程，寿命更长，循环充放电次数达到50万～100万次。

超级电容的功率特性好，可以大电流快速充放电，充放电时间短，对充电电路要求简单，无记忆效应。超级电容的工作温度范围更宽，工作温度范围为-40～70℃。超级电容的功率密度可高达10kW/kg，但能量密度很低（＜5Wh/kg），因此，更适合应用在需要快速充电和放电的特殊建筑，例如城市无轨电车的车站，可以利用停站的短暂时间充电，然后快速放电完成车的启动和站间的均速行驶。

超导电磁储能（SMES）是利用超导线圈将电磁能直接储存起来，需要时再将电磁能回馈电网或其他负载，并对电网的电压凹陷、谐波等进行灵活治理，或提供瞬态大功率有功支撑的一种电力设施。超导电磁储能的原理是基于电感材料在临界温度以下电阻为零的特点。当超导体被冷却到临界温度以下时，它会表现出零电阻和完全反射磁场的特性。这意味着超导体可以在不损失能量的情况下存储大量电流和磁场。

相比于其他储能方式，超导电磁储能具有响应速度快、储能效率高以及有功和无功输出可灵活控制等优点，在提高电能品质、改善供电可靠性等方面具有重要价值。超导电磁储能能够平滑可再生能源输出功率，解决可再生能源发电的波动性问题；提高基于可再生能源的分布式电网和微网的频率稳定性和电压稳定性。需要注意的是，制造和维护超导体需要高昂的成本和复杂的技术，因此，目前超导电磁储能技术仍处于实验室研究阶段，并未广泛应用于实际生产中。

2.机械储能

机械储能的主要形式有抽水蓄能、压缩空气储能和飞轮储能。抽水蓄能将水作为储能介质，通过电能与势能相互转化，实现电能的储存和管理。在电力负荷低谷时使用电能抽水至上水库，在电力负荷高峰期再放水至下水库发电，可将电网负荷低时的多余电能转化为电网高峰时期的高价值电能。

在新能源发电日益增多的今天，抽水蓄能的意义愈发重大：一是解决电力系统日益突出的调峰问题；二是发挥调压调相的作用，保证电网电压的稳定。国家能源局发布的《抽水蓄能中长期发展规划（2021—2035年）》提出：到2025年，我国抽水蓄能投产总规模达6200万千瓦；到2030年，投产总规模达1.2亿千瓦。这意味着未来15年我国抽水蓄能装机将有近10倍的增长空间。国家发展改革委发布《国家发展改革委关于进一步完善抽水蓄能价格形成机制的意见》（发改价格〔2021〕633号），正式明确了抽水蓄能执行两部制电价，有助于为抽水蓄能业主提供业绩保底支撑。

抽水蓄能一般是通过建设抽水蓄能电站实现的。抽水蓄能电站具有调峰填谷、调频调相储能、事故备用、黑启动等多种功能，是保障电力系统安全、可靠稳定、经济运行的有效途径。抽水蓄能电站就像一个"用水做成的巨型充电宝"，当电力系统中各类电源总发电出力大于负荷需求时，抽水蓄能电站通过从下水库抽水至上水库的方式，将电能转化为水的势能储存起来，在负荷高峰时再将水能转化为电能。

在风电、光伏等新能源装机占比较大的新型电力系统中，更需要抽水蓄能电站这类"巨型充电宝"配合运行，减少弃风弃光，提高清洁可再生能源利用效率。抽水蓄能电站还具有调峰填谷作用，电力负荷在一天之内是波动的，抽水蓄能电站在用电高峰期间发电，在用电低谷期间抽水填谷，可以改善燃煤火电机组和核电机组的运行条件，减少弃风弃光量，保证电网稳定运行，提高电网综合效益。

不过，在建筑结构内利用抽水蓄能技术还存在一定的风险，例如大量的水会增加建筑结构承重，从而对建筑结构安全性提出挑战。总之，建筑内的抽水蓄能系统还有待进行更加深入的研究。

压缩空气储能是指在电网负荷低谷时段，利用电能将空气压缩至高压并存于洞穴或压力容器中，使电能转化为空气的内能存储起来；在用电高峰时段，将高压空气从储气室释放，利用燃料加热升温后，驱动涡轮机发电。目前较受关注的压缩空气储能技术有两种，分别是盐穴压缩空气储能系统和液态空气储能系统。盐穴压缩空气储能系统是利用开采盐矿后剩余的矿洞来储存压缩空气。我国盐穴资源丰富，大部分体积巨大且密封性良好，适合储存石油、天然气等重要战略物资，也是储存高压空气的理想场所，我国目前已有示范性项目即将建成。

液态空气储能系统是利用剩余电力将空气降温到-196℃，空气将被液化，这样体积便缩小了近700倍，极大地降低了对储存装置容量的需求。需要输出电力时，空气膨胀驱动发电机即可供电，转化效率为60%～70%。

压缩空气储能的效率比电池的储能效率略低。但是压缩空气储罐的成本较低，而且不需要补充耗材，使用寿命较长，因而也具有一定的推广潜力。其他的新型压缩空气储能技术主要包括绝热式、蓄热式、等温、液态和超临界压缩空气储能等。

飞轮储能是指利用电动机带动飞轮高速旋转，将电能转化为机械能；在需要用电的时候再用飞轮带动发电机发电，将机械能转化为电能的储能方式。在储能时，电能通过电力转换器变换后驱动电机运行，电机带动飞轮加速转动，飞轮以动能的形式把能量储存起来，完成电能到机械能转化的储存能量过程，能量储存在高速旋转的飞轮体中；之后电机维持恒定的转速，直到接收到能量释放的控制信号；释能时，高速旋转的飞轮拖动电机发电，经电力转换器输出适用于负载的电流与电压，完成机械能到电能转换的释放能量过程。

整个飞轮储能系统实现了电能的输入、储存和输出过程。技术特点是高功率密度、长寿命。飞轮储能对材料要求高、制造工艺复杂、价格昂贵，每小时的自放电率为3%～20%。

3.重力储能

重力储能的基本原理是基于高度落差对储能介质进行升降，从而完成储能系统的充放电过程。利用建筑物、山体、地形等高度差，通过将"重物"运上、运下，实现电能和重力势能之间的转换，进而储电与发电，是一种纯物理储能。

2018年一家瑞士的能源公司推出了创新的重力储能方案，将势能储存在巨大的混凝土砌块塔中，需要时将砌块放下，发电释放能量。一台六臂起重机将砖石从地面吊起堆放成一座高塔，电力就转化为砖石的重力势能。当需要释放能量的时候，起重机只需将这些砖石放回到地面即可，重力势能就能转化为电能。塔中的总能量能达到20MW·h，足够2000个家庭一整天的电力需求。

2022年12月，全球首个100MW·h规模的重力储能项目落地江苏南通，总投资超10亿元，发电功率为25MW。该项目正是采用重力储能系统，建设一座储能塔，通过提升和降低复合砖的方式来存储和分配可再生能源，为电网或用户提供电力。不过，固体重力储能的能量密度低，建设规模过大。重力储能所需的高塔一般在百米以上，而其输出功率仅相当于一个同等高度的风力发电机，同时，这项技术对塔式起重机的精度要求非常高，水泥块的误差要小于几毫米，浇筑水泥块的过程也会排放大量的二氧化碳。

电梯能量回馈装置是在建筑中应用重力储能的常见技术措施。高层建筑中的电梯，可以简单地理解成一个定滑轮组，一端悬挂轿厢，另一端悬挂配重块。起滑轮作用的曳引机实际上就是一部电动机。由于配重块的质量一般为轿厢质量加上额定载重的50%左右，因此，当电梯重载下行或者轻载上行时，由于质量差产生了很大的机械能。

在传统的电梯系统中，当电梯下行时，制动器会将动能转化为热能散发出去，造成能源浪费。而通过安装电梯能量回馈装置，可以将这部分动能转化为电能，并通过逆变器等设备将其回馈给电网或进行存储，从而实现节能减排的目的。

4.3 直流供电技术

4.3.1 直流供电概述

与常见的交流供电相比，直流供电具有形式简单、易于控制、传输效率高、不需要进行频率转换和变压器的转换等特点。相比交流供电，直流供电只有一个方向的电流，波形更加稳定，更加易于控制和管理。在交流供电系统中，需要将交流电转换成直流电才能为设备供电。这个过程需要使用变压器等设备进行频率转换和变压器的转换，增加了系统复杂度和成本。而采用直流供电方式，则可以避免这种复杂度和成本，并且还可以通过智能化控制技术实现对用电设备的精细化控制和管理。目前，在航空、通信、舰船等专用系统中都大量采用直流供电系统。

在清华大学江亿院士提出的"光储直柔"建筑系统中，未来建筑配用电网的形式将可能发生改变，从传统的交流配电网改为采用低压直流配电网。这是因为光伏发电输出的是直流电，需要通过逆变器转换为与电网同步的交流电，接入建筑电力内网。光伏系统要配备蓄电池，蓄电池直接蓄存和释放的也是直流电，也需要逆变器在蓄放过程进行交流-直流之间的转换。这两次转换不仅增加了设备投入和故障点，还造成接近10%的能量转换损失，结果是光伏系统的投资回收年限延长，严重影响其经济性。相反，若采用直流供电，则避免了上述的两次转换过程，更利于光伏、储能等分布式电源灵活、高效地接入和调控，从而有利于实现可再生能源的大规模建筑应用。同时，低压直流配电网的安全性更好，有利于打造更加安全的用电环境。

4.3.2 建筑直流供电

直流建筑作为一种新型的建筑供电系统，可以更好地适应分布式可再生能源、分布式储能、需求侧调峰等新需求，提高能源利用效率和环保性。

（1）在分布式可再生能源方面，直流建筑可以通过太阳能光伏发电系统等设备实现较高的能源利用效率和环保性。

（2）在分布式储能方面，直流建筑可以通过锂离子电池、超级电容器等设备实现对储存的直流电进行管理和控制，并且可以将其与太阳能光伏发电系统等设备相结合，以实现对用电设备的精细化控制和管理。

（3）在需求侧调峰方面，直流建筑可以通过智能化控制技术、温度传感器等技术实现对用电设备的精细化控制和管理，并且可以根据不同时间段和不同季节的用电需求进行调整，以达到节约能源、降低碳排放的目的。

建筑中的直流供电系统可以细分为交直流供电系统和直流母线供电共享系统。

1.交直流供电系统

交直流供电系统是一种将交流电和直流电相结合的供电系统。在这种系统中，交流电和直流电可以相互转换，以满足不同用电设备的需求。在交直流供电系统中，太阳能光伏发电系统等可再生能源设备产生的是直流电，而大多数家庭和工业用电设备需要的是交流电。因此，在这种情况下需要将直流电转换为交流电，这可以通过使用逆变器等设备来实现。另外，在一些特殊情况下，例如在数据中心等场合中，需要使用直流供电系统，在这种情况下，需要将交流电转换为直流电。这可以通过使用整流器等设备来实现。

但是，上述"交流-直流"和"直流-交流"的转化过程中，不可避免地会产生能量的损失和浪费。因此，需要通过合理的系统设备容量配置和科学调度来减少转化过程中的浪费。以光伏耦合交直流供电系统为例：太阳能组件将部分入射太阳辐射转化为直流电后，一部分直接输出，以12V直流电供给部分用电设备；一部分经过直流转换器后，以24V直流电供给适合的用电设备或储存在化学电池中；剩余部分经过逆变器后转化为交流电，其中部分供给交流负载，多余部分可以回馈电网。这个系统最大的优势在于：经过最少的能量转化，实现对太阳能资源的高效率、低损失利用。一方面，减少直流与交流的不必要转化；另一方面，多余电能直接汇入电网，减少了弃光现象的发生。

光伏加直流供电在电动汽车充电场景下，也有着非常广阔的应用前景。目前，家用电动车一般采用交流充电。在将来，利用太阳能发电来为电动车充电，有望成为城市交通节能减排的重要措施。由于直流充电不需要直流-交流转换，直流充电的充电速度更快、效率更高。在此系统中，太阳能首先用于支持家庭负载，多余的电力通过DC-DC电路给电动汽车充电。充电可以根据时间段使用策略或负载优先级进行控制。逆变器和电动汽车充电桩之间需要通信，理想的通信方式为无线通信或PLC通信。

2.直流母线供电共享系统

在直流母线供电共享系统中，多个户用太阳能储能系统在直流侧并联，多余的太阳能或电池能量可以在不同用户之间进行交易；该直流母线供电共享受控于一个中央管理系统，通过通信指令进行控制。此外，直流母线上多余的太阳能或电池能量还可以为社区公共直流负载供电，如直流供电的路灯或社区电动汽车充电桩等。这样，电力共享系统可以轻松实现新能源利用效率最大化。太阳能电力在不同用户间共享，有利于平衡用户间的电力负荷，同时也是缓解电力系统在分时电价策略下供电压力的有效方法。特别是一些国家不允许普通居民卖电进入电网（防止电网波动），这导致多个住宅之间无法共享电力——这一问题也可以采用直流母线供电共享系统解决。如果在系统中加入人工智能算法，通过自学习的方式了解和分析每个家庭的电力需求，则可以更加高效智能地完成电力供需之间的控制。

对于用电设备部分为交流、部分为直流的建筑物，也可以采用交直流供电系统，交流母线和直流母线可以独立计量。若用户安装的光伏组件发电量较大，满足自身使用之余，还可以通过逆变器转为交流电后汇入电网。

在此背景下，在建筑群打造直流微网，依靠其分布连接的蓄电池和电力电子器件，通过智能控制，有效吸收负载瞬态变化的冲击，维持光伏与电力系统的稳定可靠。不过目前直流供配电系统的应用还存在一些有待解决的困难，例如直流供配电系统与交流系统如何分配、如何转换，直流系统架构如何设置等。同时，直流配电在建筑物内的应用亦缺乏数据支撑，市场上的直流用电终端设备品类有限等也是有待解决的问题。

4.4 柔性用电技术

4.4.1 柔性用电概述

柔性用电技术是一种将电力系统和信息通信技术相结合的新型技术，旨在实现对用电需求的智能化管理和优化调度，解决市电供应、分布式光伏、储能以及建筑用能四者的协同关系。

建筑用电的柔性是指建筑能够主动改变从市政电网取电功率的能力，手段包括调节用电设备的功率，利用电化学储能、储热（冷）装置、建筑围护结构热惰性直接或者间接储存电能，以及调整用能行为等。

发展建筑柔性用电技术是解决当下电力负荷峰值突出问题以及未来与高比例可再生能源发电形态相匹配问题的重要途径。随着可再生能源利用率的提升与智能电网的发展，通过提升建筑用电的柔性以实时满足电网的发电、输电、配电、用电和调度的安全性、稳定性与经济性要求。相关研究成果证明，充分挖掘建筑用户的能源柔性潜力可以有效实现降低能源成本、转移尖峰用电、提升实地可再生能源占比、增强电力网络稳定性等目标。

4.4.2 建筑柔性用电

建筑用户能源柔性的潜力主要涉及三类参与对象：柔性负荷、分布式能源系统和蓄能系统。

（1）柔性负荷包括建筑内的各种用电设备和用电行为。通过对这些负荷进行智能化管理和优化调度，可以实现对用电需求的精细化控制，从而提高能源利用效率、降低能耗和碳排放。

（2）分布式能源系统是指在建筑内部或周围安装太阳能光伏板、风力发电机等设备，将其转化为电能并供应给建筑内部或外部。通过对分布式能源系统进行智能化管理和优化调度，可以实现对建筑用电需求的灵活响应，并提高可再生能源的利用效率。

（3）蓄能系统是指在建筑内部或周围安装储能设备，如锂离子电池、超级电容器等，将多余的电力储存起来，并在需要时释放出来供应给建筑内部或外部。通过对蓄能系统进行智能化管理和优化调度，可以实现对用电需求的灵活响应，并提高能源利用效率和可靠性。

通过对柔性负荷、分布式能源系统和蓄能系统进行智能化管理和优化调度，可以实现对用电需求的精细化控制，从而提高能源利用效率、降低能耗和碳排放。

为了使建筑用电需求由刚性转变为柔性，需要使建筑用电设备具备可中断、可调节的能力，将电源、负荷、储能构成柔性智能双向可控的调节系统。在直流建筑中，母线电压可以在较大范围的电压带内变化，而不限于额定电压值的 $\pm 5\%$。通过AC-DC控制母线电压，以母线电压为信号引导各末端设备进行功率调节是直流建筑的最简单的一种柔性调节方法。

这种柔性调节方法的实现要求末端DC-DC或者用电设备的功率可以接受母线电压的控制。例如连接蓄电池的DC-DC可根据母线电压的高低，在电压高于某一设定值时充电、电压低于另一设定值时放电，同时母线电压越高充电功率越大，母线电压越低放电功率越大。空调设备可以根据电压高低调整压缩机频率或者室内温度。充电桩还可根据电压高低决定充电速率，甚至在母线电压过低时从汽车电池中取电，反向为建筑供电。其他设备也可以根据自身特点在设备控制逻辑中增加母线电压高低与设备功率大小的关联控制逻辑。

这样，当AC-DC在控制直流母线电压升高或者降低时，各末端设备就可以通过监测电压来切换运行模式和调节功率大小。而各末端设备的动作效果又会体现在AC-DC的输出功率上，AC-DC通过反馈控制来修正电压就可以使建筑功率逐渐趋近某一目标。这种基于直流系统的控制模式可以不依赖于AC-DC与建筑末端设备的通信，具有简单和可拓展性的优势，从而适应复杂多样的建筑终端设备和用户需求。

以居住建筑为例，可以采用调整空调运行温度、空调启停、降低照明功率、调整洗衣机工作时间和配置可再生能源系统等策略实现柔性用电：

（1）调整空调运行温度：通过适当提高或降低空调运行温度，可以实现对用电需求的灵活响应。例如在夏季高温时，可以适当提高空调运行温度，从而减少用电需求；而在冬季低温时，则可以适当降低空调运行温度，从而减少用电需求。

（2）空调启停：通过控制空调的启停时间，可以实现对用电需求的灵活响应。例如当人员不在房间时，可以关闭空调以减少用电需求；而在人员进入房间时，则可以开启空调以满足舒适度要求。

（3）降低照明功率：通过降低照明功率，可以减少用电需求。例如在白天光线充足时，可以适当降低照明功率以减少用电需求。

（4）调整洗衣机工作时间：通过调整洗衣机的工作时间，可以实现对用电需求的灵活响应。例如在用电高峰期时，可以将洗衣机的工作时间调整到用电低谷期，从而减少用电需求。

值得注意的是，柔性用电技术的发展也离不开传感器技术、控制器技术、通信技术和数据分析与决策支持系统的发展。传感器可实时监测用电设备的运行状态、能耗情况等信息，并将其反馈给控制系统。控制器可对用电设备进行远程控制和自动化管理，以实现对用电需求的精细化管理和优化调度。而互联网、无线网络等通信技术可实现对用电设备的远程监测和控制，并将数据传输到云端进行处理和分析。通过大数据、人工智能等技术，对采集到的数据进行分析和处理，并提供决策支持，以实现对用电需求的优化调度。

4.4.3 柔性用电数据库

能源柔性数据库是一种用于收集、存储和管理建筑用户能源柔性数据的数据库。为了实现建筑柔性用能，并在建筑降碳、零碳及负碳发展中发挥更大的作用，需要建立建筑的能源柔性数据库，也就是为每一栋自能自适建筑建立独特的柔性用电档案，并在此基础上定制优化舒适健康、绿色低碳、环境友好的建筑用能方案。

能源柔性数据库包括建筑内各种用电设备的能耗数据、分布式能源系统的发电数据、蓄能系统的储能和释放数据等，以及与这些数据相关的环境参数、天气预报等信息。通过对这些数据进行采集、存储和分析，能源柔性数据库可以为建筑用户提供智能化管理、优化调度、能耗监测和决策支持等方面的支持，从而实现对用电需求的精细化控制和优化调度。

基于能源柔性数据库，可实现对建筑内各种用电设备和用电行为的智能化管理，实现对用电需求的精细化控制。通过对分布式能源系统和蓄能系统进行智能化管理和优化调度，实现对用电需求的灵活响应，并提高可再生能源的利用效率。对建筑内各种用电设备和用电行为进行实时监测，实现对建筑内部或外部环境变化的快速响应，并提高节能效果。通过大数据、人工智能等技术，对采集到的数据进行分析和处理，并提供决策支持，以帮助建筑用户制定更加科学合理的能源管理策略。

建立能源柔性数据库，需要进行数据采集、设备选择、数据库结构设计、数据采集程序开发、数据处理与分析以及数据可视化。首先，确定要采集的数据范围和内容，包括建筑内各种用电设备的能耗数据、分布式能源系统的发电数据、蓄能系统的储能和释放数据等，以及与这些数据相关的环境参数、天气预报等信息。其次，根据确定的数据采集范围和内容，选择合适的传感器和监测设备进行安装和配置。相关的仪器和设备包括电表、温度传感器、湿度传感器、光照传感器等。再次，根据采集到的数据内容，建立相应的数据库结构。这个过程需要考虑不同类型数据之间的关系，并设计出合适的表结构。在此基础上开发相应的数据采集程序，将采集到的实时数据存储到数据库中。这个过程需要考虑不同类型设备之间的通信协议，需要针对不同类型设备开发相应的通信接口。而数据处理与分析是对采集到的实时数据进行处理和分析，并提供决策支持。这个过程需要使用大数据、人工智能等技术。最后，将处理和分析后的数据以图表、报表等形式进行可视化展示，方便用户进行数据分析和决策。

CHAPTER

5

建筑自能自适技术研究案例

5.1 主动式液体遮阳窗

5.1.1 研究背景

为应对能源危机和气候变化问题，建筑节能技术的发展与进步受到全球的广泛关注。统计数据显示，建筑部门的一次能源消耗约占所有商业能源消耗的20%，而与建筑能源使用相关的总碳排放量约为22亿t。因此，建筑节能在实现碳中和、碳达峰宏伟目标方面起着重要作用。

由于玻璃窗的热阻较低，窗户通常是建筑围护结构隔热的薄弱点，常导致室内热环境调节的巨大能量消耗。在以制冷需求为主的地区，建筑物应当进行适当遮阳。这是因为太阳辐射的透射不仅影响室内热环境和光环境，还会极大地影响空调系统的能源消耗。近年来，各种遮阳技术的热性能和节能研究备受关注，包括固定遮阳装置、可移动或可调节遮阳装置、自适应遮阳玻璃以及液体填充窗等。

固定遮阳装置包括水平、倾斜、垂直百叶，以及平板遮阳等。国内外科学家对各种类型的固定遮阳装置的节能潜力和经济可行性进行了广泛的实验测量和数值模拟研究，并利用仿真模拟软件进行参数优化设计。但是固定遮阳装置难以适应室外气候条件在不同季节和一天不同时段的动态变化，而可移动或可调节遮阳装置有望取得更优的建筑环境调节和节能减排效果。这是因为其可以在不同的室外条件下提供更加灵活的太阳辐射透射控制。

可移动或可调节遮阳装置包括手动调节和自动调节两大类。其中，前者包括百叶窗，以及可收放的卷帘、窗帘等，使建筑使用者能够根据个人喜好营造舒适的室内环境。而后者可以根据预设的时间表，或者室内外的触发条件，自动改变遮阳装置的太阳能辐射透射率，实现动态优化。

从建筑节能的角度来看，具有自适应性能的自动遮阳控制策略更为有利。相关研究发现，室内人员对遮阳装置的调节更多地受到工作状态（到达和离开）的影响，即仅仅在到达房间时就进行一次调节并在之后保持不变，而非受到一天中经历的环境条件（如工作平面照度或太阳辐射强度等参数）的影响而进行主动调节。也就是说，室内人员的调节通常落后于环境条件的变化。

在此背景下，自适应遮阳玻璃和窗户在近几十年中越来越受到关注。它们一般可以在无需额外装置或占用空间的遮阳的条件下，自主实现动态遮阳调节。自适应遮阳玻璃包括热致变色玻璃、电致变色玻璃、液晶玻璃以及悬浮颗粒玻璃等。科学家们通过实验测试和数值模拟，对具有主动调节能力的窗户的节能潜力进行了多项评估研究。

有学者研制了一种具有自适应遮阳功能的水凝胶窗户，发现其在美国亚利桑那州气候下的节能效果显著，全年建筑冷负荷降低了8.1%，节能量高达30.6 $(kW \cdot h)/m^2$。有学者研究发现，纳米颗粒热致变色涂层玻璃比无涂层的普通双层玻璃节能7.1%～46.4%。但是热致变色玻璃、电致变色玻璃等高科技玻璃材料价格相对较高，限制了其在建筑工程中的广泛应用。

伊朗学者Fazel提出了低成本主动式液体遮阳窗的创新概念，窗玻璃夹层中的有色液体受热力学基本定量（热胀冷缩）影响，可以自发移动，从而实现对于窗户综合遮阳率的主动调节，以控制太阳透射和室内得热量，降低制冷负荷和空调系统能耗。主动式液体遮阳窗的自适应遮阳机制如图5-1所示。

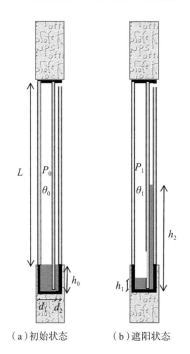

（a）初始状态　　（b）遮阳状态

图5-1　主动式液体遮阳窗的自适应遮阳机制

主动式液体遮阳窗的外观与普通窗户相似，由三个平行玻璃组成两个空腔。窗户底部盛装有色液体，将少量空气困在左侧封闭空腔中。同时，右侧空腔与大气连接，保持与周围环境相同的气压。当外界温度升高，被困空气膨胀，将有色液体推到较薄的右侧窗户空腔中，有色液体在空腔中爬升并起到遮阳效果。

与附着在建筑窗户上的传统固定或可调节遮阳装置相比，这种紧凑的主动式液体遮阳窗更具吸引力，因为它能够降低建筑建设成本，减少空间占用，还可以降低运营成本和人力。考虑到建筑节能的巨大需求和上述优点，这种主动式液体遮阳窗具有较大的应用潜力。本研究建立了主动式液体遮阳窗的物理模型，并用于建筑节能分析。

5.1.2 研究方法

主动式液体遮阳窗可以在无需能源消耗和人工调节的情况下提供灵活的遮阳，太阳辐射能流路径和玻璃与相邻室内/室外环境之间的热传递机制如图5-2所示。本研究开发了Fortran程序，实现主动式液体遮阳窗在不同边界条件下的热响应的精确预测。首先，基于能量和质量守恒定律建立了主动式液体遮阳窗的

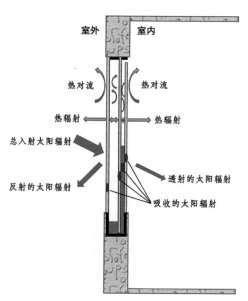

图 5-2　太阳辐射能流路径和玻璃与相邻室内/室外
环境之间的热传递机制

数值模型。通过求解方程式，计算空腔内空气、玻璃、液体层的温度以及两个空腔中液体层的高度，并由此确定主动式液体遮阳窗的热传递机制。然后，分析了主动式液体遮阳窗在不同环境条件（太阳辐射强度、入射角和环境温度）下的热性能。本研究所建立的模型和模拟结果可用于实际项目中自适应窗户的能源和经济性能预测，并可为绿色建筑工程师提供新型节能窗体的设计决策基本信息。

本研究基于能量和质量守恒定律建立的主动式液体遮阳窗的数值模型如公式（5-1）～公式（5-22）所示。公式（5-1）描述了主动式液体遮阳窗体腔中有色液体的质量守恒。公式（5-2）描述了左侧主动式液体遮阳窗体腔中被困空气的理想气体定律。公式（5-3）～公式（5-8）用于计算入射太阳辐射的能流路径；其中，主动式液体遮阳窗体在竖直方向上分为两部分：上部由3层无液层的透明玻璃组成，下部由3层有液层的透明玻璃组成。由于这两部分窗口的光学和热学性质不同，所以需要分别计算。公式（5-9）～公式（5-22）用于计算内层和外层玻璃之间及其与室内和室外环境之间的对流和辐射传热。在这部分计算中，主动式液体遮阳窗的上部和下部的计算也是分开进行的。

$$h_0\left(d_1+d_2\right)=h_1 \cdot d_1+h_2 \cdot d_2 \tag{5-1}$$

式中：　　h_0 ——初始状态下的液体高度 [图5-1（a）]（m）；

　　　　h_1，h_2 ——遮阳状态下左侧和右侧腔室中液体的高度 [图5-1（b）]（m）；

　　　　d_1，d_2 ——左侧和右侧腔室的厚度（m）。

$$\frac{P_0 \cdot V_0}{\theta_0}=\frac{P_1 \cdot V_1}{\theta_1}=\frac{P_0 \cdot\left(L-h_0\right) \cdot W \cdot d_1}{\theta_0}=\frac{\left[\rho \cdot g \cdot\left(h_2-h_1\right)+P_0\right] \cdot\left(L-h_1\right) \cdot W \cdot d_1}{\theta_1} \tag{5-2}$$

式中：　　P_0 ——初始状态下左侧腔室内的空气压力（Pa）；与环境压力相同，在本研究中 P_0=100325；

　　　　P_1 ——遮阳状态下左侧腔室内的空气压力 [图5-1（b）]（Pa）；

　　　　V_0，V_1 ——初始状态和遮阳状态下左侧腔室内的空气体积（m^3）；

　　　　θ_0，θ_1 ——初始状态和遮阳状态下左侧腔室内空气的绝对温度（K）；

　　　　L，W ——窗口的高度和宽度（m）；

　　　　ρ ——窗口内液体的密度（kg/m^3）；

　　　　g ——重力常数（m/s^2）。

$$G_{\text{Total}}^{\text{top}} = G_{\text{ref}}^{\text{top}} + G_{\text{trans}}^{\text{top}} + G_{\text{abs}}^{\text{top}} = G_{\text{ref}}^{\text{top}} + G_{\text{trans}}^{\text{top}} + Q_1^{\text{top}} + Q_2^{\text{top}} + Q_3^{\text{top}} + Q_4^{\text{top}} \qquad (5\text{-}3)$$

$$G_{\text{Total}}^{\text{lower}} = G_{\text{ref}}^{\text{lower}} + G_{\text{trans}}^{\text{lower}} + G_{\text{abs}}^{\text{lower}} = G_{\text{ref}}^{\text{lower}} + G_{\text{trans}}^{\text{lower}} + Q_1^{\text{lower}} + Q_2^{\text{lower}} + Q_3^{\text{lower}} + Q_4^{\text{lower}} \qquad (5\text{-}4)$$

式中： $G_{\text{Total}}^{\text{top}}$ ——没有液体层的窗户上部的总入射太阳辐射量（W）；

$G_{\text{Total}}^{\text{lower}}$ ——有液体层的窗户下部的总入射太阳辐射量（W）；

$G_{\text{ref}}^{\text{top}}$ ——没有液体层的窗户上部外层玻璃外表面反射的太阳辐射量（W）；

$G_{\text{ref}}^{\text{lower}}$ ——有液体层的窗户下部外层玻璃外表面反射的太阳辐射量（W）；

$G_{\text{trans}}^{\text{top}}$ ——没有液体层的窗户上部透射到室内的太阳辐射量（W）；

$G_{\text{trans}}^{\text{lower}}$ ——有液体层的窗户下部透射到室内的太阳辐射量（W）；

$G_{\text{abs}}^{\text{top}}$ ——窗户上部玻璃吸收的太阳辐射量（W）；

$G_{\text{abs}}^{\text{lower}}$ ——窗户下部玻璃和有色液体吸收的太阳辐射量（W）；

Q_1^{top}, Q_1^{lower} ——窗户上部和下部分别从外层玻璃外表面向周围环境传递的对流热流量（W）；

Q_2^{top}, Q_2^{lower} ——窗户上部和下部分别从内层玻璃内表面向房间内空气的对流热流量（W）；

Q_3^{top}, Q_3^{lower} ——窗户上部和下部分别从外层玻璃外表面向包括天空和周围物体表面的环境的辐射热流量（W）；

Q_4^{top}, Q_4^{lower} ——窗户上部和下部分别从内层玻璃内表面向房间内各表面的辐射热流量（W）。

根据公式（5-3），总入射太阳辐射中有部分被反射，部分透射到室内，部分被玻璃和空腔中的液体吸收，反射和透射的太阳辐射量可按下式计算：

$$G_{\text{ref}}^{\text{top}} = \gamma^{\text{top}} \cdot G_{\text{Total}}^{\text{top}} \qquad (5\text{-}5)$$

$$G_{\text{ref}}^{\text{lower}} = \gamma^{\text{lower}} \cdot G_{\text{Total}}^{\text{lower}} \qquad (5\text{-}6)$$

$$G_{\text{trans}}^{\text{top}} = \tau^{\text{top}} \cdot G_{\text{Total}}^{\text{top}} \qquad (5\text{-}7)$$

$$G_{\text{trans}}^{\text{lower}} = \tau^{\text{lower}} \cdot G_{\text{Total}}^{\text{lower}} \qquad (5\text{-}8)$$

式中： γ^{top}, γ^{lower} ——窗户上部和下部的综合反射率；

τ^{top}, τ^{lower} ——窗户上部和下部的综合透过率。

从理论上来说，吸收的太阳辐射能量被储存在玻璃窗或液体中，或者转移到相邻的室内/室外环境中。在本次研究中，假定主动式液体遮阳窗处于热平衡状态，玻璃窗和液体的温度保持恒定。因此，在公式（5-3）中没有考虑热量的储存。

$$Q_1^{\text{top}} = A^{\text{top}} \cdot h_{c,1a}^{\text{top}} \cdot (T_{g1}^{\text{top}} - T_a) \tag{5-9}$$

$$Q_1^{\text{lower}} = A^{\text{lower}} \cdot h_{c,1a}^{\text{lower}} \cdot (T_{g1}^{\text{lower}} - T_a) \tag{5-10}$$

$$Q_2^{\text{top}} = A^{\text{top}} \cdot h_{c,3m}^{\text{top}} \cdot (T_{g3}^{\text{top}} - T_{\text{rm}}) \tag{5-11}$$

$$Q_2^{\text{lower}} = A^{\text{lower}} \cdot h_{c,3m}^{\text{lower}} \cdot (T_{g3}^{\text{lower}} - T_{\text{rm}}) \tag{5-12}$$

$$Q_3^{\text{top}} = A^{\text{top}} \cdot h_{r,1a}^{\text{top}} \cdot (T_{g1}^{\text{top}} - T_a) \tag{5-13}$$

$$Q_3^{\text{lower}} = A^{\text{lower}} \cdot h_{r,1a}^{\text{lower}} \cdot (T_{g1}^{\text{lower}} - T_a) \tag{5-14}$$

$$Q_4^{\text{top}} = A^{\text{top}} \cdot h_{r,3m}^{\text{top}} \cdot (T_{g3}^{\text{top}} - T_{\text{rm}}) \tag{5-15}$$

$$Q_4^{\text{lower}} = A^{\text{lower}} \cdot h_{r,3m}^{\text{lower}} \cdot (T_{g3}^{\text{lower}} - T_{\text{rm}}) \tag{5-16}$$

式中：　　　A^{top}，A^{lower}——窗户上部和下部的横截面积（m^2）；

T_{g1}^{top}，T_{g1}^{lower}，T_{g3}^{top}，T_{g3}^{lower}——窗户的上部和下部外层玻璃，内层玻璃的温度（℃）；

T_a，T_{rm}——室外环境和室内空气的温度（假设等同于室内各表面温度）（℃）；

$h_{c,1a}^{\text{top}}$，$h_{c,1a}^{\text{lower}}$——窗户的上部和下部外层玻璃和室外环境之间的对流传热系数[$W/(m^2 \cdot ℃)$]；

$h_{c,3m}^{\text{top}}$，$h_{c,3m}^{\text{lower}}$——窗户的上部和下部内层玻璃和室内空气之间的对流传热系数[$W/(m^2 \cdot ℃)$]；

$h_{r,1a}^{\text{top}}$，$h_{r,1a}^{\text{lower}}$——窗户的上部和下部外层玻璃和室外环境之间的辐射传热系数[$W/(m^2 \cdot ℃)$]；

$h_{r,3m}^{\text{top}}$，$h_{r,3m}^{\text{lower}}$——窗户的上部和下部内层玻璃和室内固体表面之间的辐射传热系数[$W/(m^2 \cdot ℃)$]。

窗户表面的传热系数是根据经验公式计算的，如下所列：

$$h_{c,1a}^{\text{top}} = h_{c,1a}^{\text{lower}} = 2.8 + 3.0 v_{\text{wind}} \tag{5-17}$$

$$h_{r,1a}^{\text{top}} = \frac{\sigma\left[(\theta_a^{\text{top}})^2 + (\theta_{g1}^{\text{top}})^2\right](\theta_a^{\text{top}} + \theta_{g1}^{\text{top}})}{\dfrac{1}{\varepsilon_a} + \dfrac{1}{\varepsilon_{g1}} - 1} \tag{5-18}$$

$$h_{r,1a}^{lower} = \frac{\sigma \left[(\theta_a^{lower})^2 + (\theta_{g1}^{lower})^2 \right] (\theta_a^{lower} + \theta_{g1}^{lower})}{\dfrac{1}{\varepsilon_a} + \dfrac{1}{\varepsilon_{g1}} - 1}$$ (5-19)

$$h_{c,3rm}^{top} = h_{c,3rm}^{lower} = 4.3$$ (5-20)

$$h_{r,3rm}^{top} = \frac{\sigma \left[(\theta_{g3}^{top})^2 + (\theta_{rm}^{top})^2 \right] (\theta_{g3}^{top} + \theta_{rm})}{\dfrac{1}{\varepsilon_{g3}} + \dfrac{(1 - \varepsilon_{rm})(H_{rm} + W_{rm})}{\varepsilon_{rm} \cdot 2(H_{rm}W_{rm} + H_{rm}L_{rm} + L_{rm}W_{rm})}}$$ (5-21)

$$h_{r,3rm}^{lower} = \frac{\sigma \left[(\theta_{g3}^{lower})^2 + (\theta_{rm}^{lower})^2 \right] (\theta_{g3}^{lower} + \theta_{rm})}{\dfrac{1}{\varepsilon_{g3}} + \dfrac{(1 - \varepsilon_{rm})(H_{rm} + W_{rm})}{\varepsilon_{rm} \cdot 2(H_{rm}W_{rm} + H_{rm}L_{rm} + L_{rm}W_{rm})}}$$ (5-22)

式中： v_{wind} ——外层玻璃外表面处的相对风速（m/s）；

θ_{g1}^{top}，θ_{g1}^{lower}，θ_{g3}^{top}，θ_{g3}^{lower} ——外层玻璃和内层玻璃在窗口顶部和底部的绝对温度（K）；

θ_a，θ_{rm} ——室外环境和室内各表面的绝对温度（假定与室内空气温度相同）（K）；

σ ——Stefan-boltzmann常数，$5.67 \times 10^{-8} W/(m^2 \cdot K^{-4})$；

ε_a，ε_{g1}，ε_{g3}，ε_{rm} ——室外环境、外层玻璃外表面、内层玻璃内表面和室内各表面的发射率；

H_{rm}，W_{rm}，L_{rm} ——房间的高度、宽度和长度（m）。

5.1.3 性能模拟

1. 房间和窗口配置

假设这种新型的主动式液体遮阳窗应用于一个3.0m（长度）×3.0m（宽度）×3.0m（高度）的空调房间。在制冷季节，室内温度预设为26℃。朝南的垂直窗口的尺寸为1.0m（宽度）×1.0m（高度），初始液体深度为0.2m。主动式液体遮阳窗的三层玻璃均为普通透明浮法玻璃，厚度为0.006m。由于没有使用昂贵的热致变色玻璃或额外的遮阳设备，与其他自适应窗设计相比成本较低。玻璃垂直入射太阳辐射透过率为0.804，反射率为0.074，发射率为0.84。

主动式液体遮阳窗的构造设计会直接影响其光、热性能和建筑节能效果。从工程实践角度出发，窗体右侧空腔的厚度不应该太小，否则在窗户制造过程中难以控制精度。而且当空腔中空气温度下降时，空气压力变小且液体夹层高度减小，此时若空腔厚度过小，可能会导致液体层下降时发生阻塞。同时右侧空腔的厚度也不应太大，以免窗户变得过于笨重，造成运输和安装问题。此外，较厚的液体层往往会对相邻的玻璃层施加较大压力（尤其是在窗户中心位置），这会使玻璃发生不良变形。在本研究中，根据作者在之前的水流窗实验研究中所获得的经验，将窗体右侧空腔的厚度设置为0.01m，窗体左侧空腔的厚度取为0.12m。因此，主动式液体遮阳窗的整体厚度为0.148m。

液体的密度会极大地影响遮阳效果，因为不同条件下遮阳液体层的高度直接取决于其密度。同时，液体层的太阳透过率是综合遮阳系数的决定性因素。在本研究中，液体的密度设为120.0 kg/m³。在实践中，可以将不同类型的液体材料混合在一起，以达到根据气候和太阳遮挡要求指定的密度。同时，液体层的太阳透过率预设为0.6，厚度为0.01m。透过率可以通过向液体中添加不同性质和浓度的染料来进行调节。在实际应用中，整个主动式液体遮阳窗的遮阳系数可以根据具体需求在相对较宽的范围内灵活修改。

在本次研究中，主动式液体遮阳窗内液体的自适应遮阳调节预设在环境温度超过26℃时开始。也就是说，当由温差引起的室外向室内传热和太阳辐射透射会导致室内热量增加而需要被移除时，主动式液体遮阳窗开始起到遮阳效果。因此，在窗户顶部设置一个温度控制开关。这个温度控制开关通常处于打开状态，使左侧空腔的空气与外界大气相连。当环境空气温度超过26℃时，开关会自动关闭，将部分空气困在窗体的左侧腔内。此后，主动式液体遮阳窗右侧空腔内的遮阳液体层可以吸收过量的太阳辐射，从而起到遮阳作用，有利于营造舒适的室内环境。

2.模拟案例

本研究通过数值模拟评估主动式液体遮阳窗在不同环境条件下的热性能，并与普通三层透明玻璃窗进行比较。室外温度设置在20～32℃的范围内，间隔为3℃，这代表了制冷季节典型的室外温度变化。总共考虑了9种不同的入射太阳辐射组合。太阳辐照度水平分别为1000W/m²、650W/m²和300W/m²，入射角分别为60°、30°和0°。入射太阳辐射组合如表5-1所示。

入射太阳辐射组合

表 5-1

案例编号	水平太阳辐射 （W/m²）	入射角 （°）	入射太阳辐射 （W/m²）	入射直射辐射 （W/m²）	入射散射辐射 （W/m²）
1	1000	60	597	390	207
2	650	60	442	115	327
3	300	60	223	5	218
4	1000	30	865	675	189
5	650	30	521	199	322
6	300	30	227	9	217
7	1000	0	946	780	166
8	650	0	545	230	315
9	300	0	228	11	217

　　总的来说，本研究在5种室内/室外温度组合和9种入射太阳辐射条件下对主动式液体遮阳窗进行模拟。因此，总计有45种不同的边界条件。本研究中，使用同样的窗户尺寸、方向和边界条件，对主动式液体遮阳窗和普通三层透明玻璃窗（无遮阳情况）进行了模拟和比较。根据光学属性计算玻璃、液体层的内反射、透射和吸收的入射太阳辐射分布。求解方程组并获得特定室内/室外环境条件下的主动式液体遮阳窗状态。根据热平衡原理计算内层玻璃温度。利用内层玻璃与房间的热传递系数以及直接太阳辐射透射量计算通过窗户的室内热量收益/损失。对于普通三层透明玻璃窗，计算过程是类似的，但不涉及有色液体层。

3. 不同辐照条件下的窗户性能

　　在室外和室内空气温度分别设置为32℃和26℃的情况下，将主动式液体遮阳窗与三层透明玻璃窗在不同太阳辐照条件下的性能进行比较，相关计算结果如图5-3~图5-6所示。图5-3显示了窗玻璃表面总入射太阳辐射（虚线）和主动式液体遮阳窗右侧空腔中有色遮阳液层的高度（实线）。

　　模拟结果显示，在相同的太阳辐照水平下，入射角度对窗户接收太阳辐射的影响很大。如图5-3所示，当水平太阳辐照总量为1000W/m²时，南向窗户的入射角度分别为60°、30°和0°时，窗体表面分别接收到了597W/m²、865W/m²和946W/m²的太阳能。较大的入射角度导致入射太阳能变少。例如，当入射角度

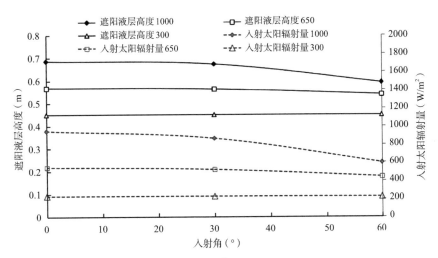

图 5-3　不同太阳辐照条件下有色遮阳液层的高度

为 60° 时，窗玻璃所接收到的太阳辐射仅为 0° 入射情况的 63.1%。对于水平太阳辐照总量为 650W/m² 和 300W/m² 的情况，不同入射角下接收到的太阳能的差异较小。对于水平太阳辐照总量为 650W/m² 的情况，60° 入射角和 0° 入射角的入射太阳辐射值之间的差异在 20% 以内。对于水平太阳辐照总量为 300W/m² 的情况，60° 入射角和 0° 入射角的入射太阳辐射量非常接近，仅有 2.2% 的差异。

在图 5-3 中，9 种工况条件下，有色遮阳液层的高度变化范围为 0.45～0.69m。在相同的室内和室外温度下，窗体空腔内有色遮阳液体的运动差异仅由入射太阳辐射能量的差异引起。随着入射太阳辐射的增加，左侧窗体空腔中被困住的空气温度更高，膨胀产生的压力将更多的有色遮阳液体推向右侧窗体空腔。因此，在较强的太阳辐照下提供了更高水平的遮阳，这对于在制冷季节减少室内冷负荷和建筑节能是有益的。

图 5-4 显示了在不同辐照条件下，主动式液体遮阳窗和普通三层透明玻璃窗之间通过窗户传输的太阳辐射能量。图 5-5 显示了从窗户到房间的热传导和辐射热传递。通过窗户的室内总得热/总损失是由于热传导及辐射热传递引起的室内得热/损失和直接太阳辐射透射的总和，计算结果如图 5-6 所示（图例中的数字表示总辐照水平）。室外和室内空气温度保持在 32℃ 和 26℃。

在图 5-4 中，虚线代表无遮阳的普通三层透明玻璃窗透过的太阳辐射能量在不同情况下的变化，实线代表主动式液体遮阳窗透过的太阳辐射能量在不同情况

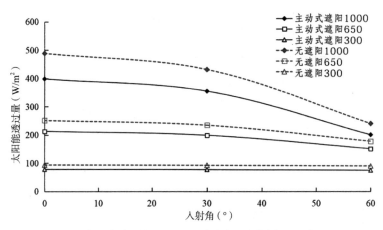

图 5-4 不同太阳辐照条件下普通三层透明玻璃窗透过的直接太阳能

下的变化。实线总是低于虚线，这说明主动式液体遮阳窗透过的太阳辐射能量总是小于普通三层透明玻璃窗。右侧窗体空腔中的有色遮阳液层提供了太阳遮蔽，阻止了部分入射太阳能，减少了由于太阳辐射能量入射造成的室内热量增加，从而防止了过度的室内得热。

当太阳辐照度较强时，即有色遮阳液层较高时，遮阳液层带来的室内得热量的降低值更多。例如，当水平太阳辐照总量为 1000W/m² ，入射角为 0° 时，透射的太阳辐射从 488.1W/m² （普通三层透明玻璃窗）降至 398.1W/m² （主动式液体遮阳窗）。普通三层透明玻璃窗的等效太阳透射率为 0.516 ，主动式液体遮阳窗的等效太阳透射率为 0.421 ，减少了 18.5% 。对于 30° 和 60° 的入射角，阳光透过率分别从 0.498 降至 0.410 和从 0.402 降至 0.336 。相应地，由于太阳辐射能量入射造成的普通三层透明玻璃窗与主动式液体遮阳窗的室内得热量的差值略微减小，分别为 17.8% 和 16.5% 。

同时，当水平太阳辐照总量为 300 W/m² 时，主动式液体遮阳窗和普通三层透明玻璃窗的室内得热量的差异较小。在不同入射角度时，普通三层透明玻璃窗的综合透过率在 0.402～0.409 的范围内。对于主动式液体遮阳窗，透过率在 0.334～0.340 的范围内。液体层造成的透过率变化相应减少相似，不同入射角度下的差别约为 16.7% 。

在图 5-5 中，虚线始终低于实线，表示主动式液体遮阳窗情况下窗户与室内之间的对流和辐射传热增加。这是因为主动式液体遮阳窗的热阻较小，右侧窗体空腔中的空气部分被液体替代，有利于室外到室内的热量流动。当水平太阳辐照总量为1000W/m²，入射角为0°时，对流和辐射传热从101.4W/m²（普通三层透明玻璃窗）增加到136.1W/m²（主动式液体遮阳窗）；入射角为30°时，对流和辐射传热从96.7W/m²（普通三层透明玻璃窗）增加到118.3W/m²（主动式液体遮阳窗）；入射角为60°时，对流和辐射传热从76.9W/m²（普通三层透明玻璃窗）增加到90.0W/m²（主动式液体遮阳窗）。也就是说，当入射角分别为0°、30°和60°时，对流和辐射传热的增量分别为34.6%，21.6%和13.1%。当辐照水平较弱时，对流和辐射传热的增量在不同入射角度下较为接近。

综上所述，主动式液体遮阳窗的有色遮阳液层有助于阻挡太阳辐射，但对窗体整体的隔热性能有负面影响，由于热传导增加引起室内得热增加。图5-6显示了不同太阳辐照条件下窗户的总室内热增量。

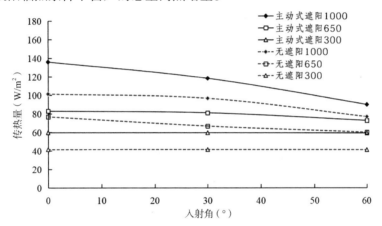

图 5-5 不同太阳辐照条件下从窗户到室内的对流和辐射传热

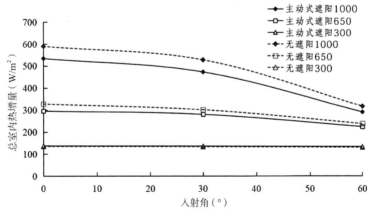

图 5-6 不同太阳辐照条件下窗户的总室内热增量

在图5-6中，当水平太阳辐照总量为1000W/m²和650W/m²时，主动式液体遮阳窗的太阳遮蔽效果突出，导致室内热量增加更小。当水平太阳辐照总量为1000W/m²且入射角为0°时，室内得热总量从589.6W/m²（普通三层透明玻璃窗）降至534.1W/m²（主动式液体遮阳窗），减少9.4%。对于水平面的总太阳辐射水平为650W/m²的情况，减少9.8%。

值得注意的是，当水平太阳辐照总量为300W/m²且入射角为0°时，室内热量反而增加了2.0%，即从134.7W/m²增加到137.4W/m²。这是由于主动式液体遮阳窗内层玻璃与室内环境之间的对流/辐射传热增加。在水平太阳辐照总量为300W/m²的情况下，当太阳光的入射角分别为30°和60°时，室内热量增加了分别为2.1%和2.4%。

4.不同环境温度下的窗户性能

主动式液体遮阳窗的性能与普通三层透明玻璃窗在不同室内外温度组合下的热性能结果如图5-7～图5-10所示（图例中的数字代表水平面的总太阳辐射水平和窗户的入射角）。图5-7显示了在不同条件下有色遮阳液层的高度。图5-8～图5-10分别显示了窗户的直接太阳辐射透过、内部对流和辐射传热以及窗体通过的综合室内得热量。太阳辐射的入射角度统一为60°。

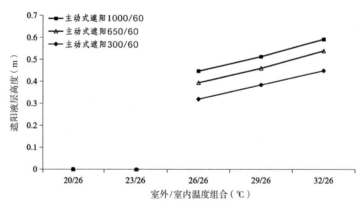

图5-7　不同室外/室内温度组合下遮阳液层的高度

在图5-7中，左侧窗体空腔内的有色遮阳液层在较高的室外温度和更强的太阳辐射下上升。如上所述，当环境温度低于26℃时，温度控制开关密封左侧窗体空腔，因此有色遮阳液体保持如图5-1（a）所示的"初始状态"。在这种情况下，有色遮阳液层的高度为0m。因此，目前的主动式液体遮阳窗的性能与普通三层透明玻璃窗相同。在实际应用中，窗户应根据特定的室内空气温度重新设计。例如，如果预设的室内空气温度为24℃，则当环境温度超过24℃时，主动式液体遮阳窗应采取行动（提供有色遮阳液体遮阳）。通过这种方式，可以最大限度减少室内得热量，并减少制冷能耗。

相反，当室外温度超过26℃时，温度控制开关允许有色遮阳液体从底部流到右侧腔，因为左侧窗体空腔内被困空气的压力增加。更高的环境温度和更强的太阳辐射导致左侧腔内的空气压力更大，因此，将更多的有色遮阳液体推到右侧窗体空腔中以提供更好的遮阳效果。当室外温度达到32℃，水平太阳辐照总量为1000W/m²时，有色遮阳液层的最高高度为0.592m。当室外温度降至26℃时，有色遮阳液层的高度降至0.447m。这意味着，对于特定的太阳入射水平和角度，有色遮阳液层随着每1℃室外温度增加约0.024m。同时，在650W/m²和300W/m²的水平太阳辐照总量下，有色遮阳液层的高度分别为0.539m和0.449m。

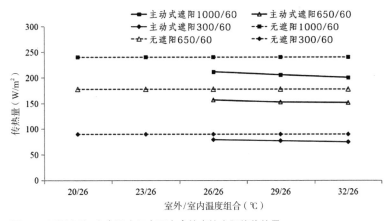

图5-8　不同室外/室内温度组合下窗户的直接太阳能传热量

在图5-8中，太阳能透射仅受入射角的影响，与普通三层透明玻璃窗的室外温度无关。因此，窗户入射角恒定为60°时，在不同环境温度下的直接太阳能透射率保持在0.402。对于主动式液体遮阳窗，当环境温度超过26℃时，窗户的直接太阳能透射会减少。当总太阳辐射更强或环境更热时，这种减少更加显著。当室外温度为32℃、太阳辐射入射角为60°时，当水平太阳辐照总量分别为1000W/m²、650W/m²和300W/m²时，与普通三层透明玻璃窗相比，通过主动式液体遮阳窗直接透射进入室内的太阳辐射强度从240.0W/m²降至200.5W/m²，从

177.7 W/m² 降至 151.5 W/m²，从 89.7 W/m² 降至 74.6 W/m²，减少约 16.0%。同时，当室外温度为 26℃时，太阳能传输从 240.0 W/m² 降至 211.8 W/m²，从 177.7 W/m² 降至 156.8 W/m²，从 89.7 W/m² 降至 76.9 W/m²，减少约 11.8%。

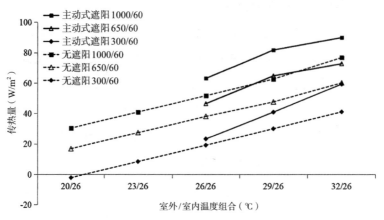

图 5-9　不同室外/室内温度组合下窗户向室内的对流和辐射传热

图 5-9 显示了在不同边界条件下，从最内层玻璃表面到室内的对流和辐射传热。只有在室外温度为 20℃，水平太阳辐照总量为 300 W/m² 时，热传递才是负的，表示在这种极端情况下从室内向环境中的热流。因此，即使周围温度低于室内温度，普通三层透明玻璃窗在制冷季节大部分时间被视为热源。因此，应考虑到任何空调房间的遮阳问题。对于普通三层透明玻璃窗，水平太阳辐照总量为 1000 W/m²，入射角为 60° 的条件下，热传递从 20℃ 对应的数值到 32℃ 对应的数值显著增加，即从 30.4 W/m² 增加到 76.9 W/m²。

综上所述，当环境温度低于 26℃时，主动式液体遮阳窗处于非遮阳工况，其性能与普通三层透明玻璃窗相同。在实际应用中，窗户应根据特定的室内空气温度重新设计。例如，如果预设的室内空气温度为 24℃，则当环境温度超过 24℃时，窗户应及时响应，并提供有色液层遮阳。通过这种方式，室内得热能够最大限度地减少，并降低冷负荷。对于本研究，主动式液体遮阳窗是基于 26℃ 的室内温度设置而设计的。这意味着，一旦环境温度超过 26℃，遮阳液体层上升，从而导致窗户的综合热阻降低，室内对流和辐射传热水平更高。这在图 5-9 中得到了证明，其中代表主动式液体遮阳窗的实线保持在虚线上方。

值得注意的是，当环境温度为 26～29℃时，实线斜率比虚线更陡峭。这表明主动式液体遮阳窗由于有色遮阳液体的存在而促进了室内外热传递。然而，当环境温度超过29℃且水平太阳辐照总量为1000W/m²或650W/m²时，实线的斜率变得平缓。这是由于右侧窗体空腔中更高的有色遮阳液体提供了更强的阳光屏蔽，从而减少了最内层玻璃吸收的太阳能量。因此，最内层玻璃的温度上升受到控制，并减缓了其向室内的传热。

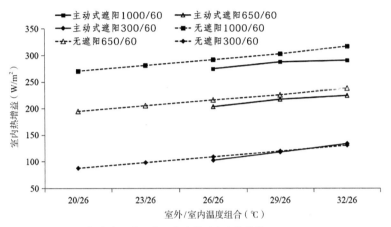

图 5-10 不同室外/室内温度组合下窗户的总室内热增益

图5-10比较了不同条件下普通三层透明玻璃窗和主动式液体遮阳窗的综合室内热增益。显然，当太阳辐射强烈时，有色遮阳液体层可以有效降低室内制冷负荷。大部分时间里，相比普通三层透明玻璃窗，主动式液体遮阳窗向空调房间引入的热量更少。热量减少的范围为1.60%～8.33%，平均减少百分比为4.66%。不过，在32℃的环境温度下，水平太阳辐照总量为300W/m²，入射角为30°时，主动式液体遮阳窗向空调房间引入的热量更多。

5.1.4 动态SHGC值和U值分析

在建筑物理中，SHGC值和U值是用来描述建筑材料和窗户的热性能的两个重要参数。太阳得热系数（Solar Heat Gain Coefficient，SHGC），也称太阳能总透射比，是通过门窗或幕墙构件成为室内得热量的太阳辐射与投射到门窗或幕墙构件上的太阳辐射的比值。太阳能总透射比包括太阳光直接透射比和被玻璃及构件吸收的太阳辐射再经传热进入室内的得热量。这一指标是建筑节能计算中的重要参考因素，直接影响着室内的采暖能耗和制冷能耗。U值（热传导系数）用于衡量材料或构件对热量的导热能力，数值上等于建筑围护结构一侧空气与另一侧空气之间存在1℃温差时，通过单位面积围护结构的热流率。较低的U值意味着更好的绝缘性能，从而减少热量的传递，降低建筑热环境营造对人工供冷供热的依赖。

由于主动式液体遮阳窗的液体遮阳层高度不固定，所以窗体的SHGC值和U值是动态变化的。根据本研究的模拟结果计算主动式液体遮阳窗与普通三层透明玻璃窗的动态U值与SHGC值，结果如表5-2所示。可见，主动式液体遮阳窗借由有色液层的遮阳作用，可以在室外气温较高时降低窗体结构的SHGC值，从而减少进入室内的太阳辐射总量，起到降低室内得热量和空调系统制冷能耗的作用。在不同的工况条件下与普通三层透明玻璃窗相比，SHGC值的降低比例介于11.77%~16.78%。不过，由于液层导热的影响，主动式液体遮阳窗的U值相比普通三层透明玻璃窗有所升高。也就是说，在相同的室内外温差条件下，主动式液体遮阳窗以液层热传导和内层玻璃热辐射/热对流的形式，向室内传递更多的热量。因而，在实践中可以考虑在主动式液体遮阳窗的内侧增加空气夹层，以增大窗体的热阻，减少由于室内外温差传热所带来的空调系统能耗增加。

窗的SHGC值与U值对比　　　　　　　　　　　　　　表5-2

工况名称	SHGC值			U值		
	26/26℃	29/26℃	32/26℃	26/26℃	29/26℃	32/26℃
自遮阳-太阳辐射强度1000	0.35	0.34	0.34	10.51	13.63	14.99
自遮阳-太阳辐射强度650	0.35	0.34	0.34	7.75	10.79	12.14
自遮阳-太阳辐射强度300	0.35	0.34	0.33	3.88	6.82	9.89
普通窗-太阳辐射强度1000	0.40	0.40	0.40	8.62	10.44	12.81
普通窗-太阳辐射强度650	0.40	0.40	0.40	6.36	7.94	10.02
普通窗-太阳辐射强度300	0.40	0.40	0.40	3.19	5.01	6.86

5.1.5 发展前景

作为一种低成本、高效能的窗户，主动式液体遮阳窗无需额外能源消耗或人工操作即可提供遮阳。其结构简单，原材料价格较低，因而初始投资成本不高，作为绿色建筑技术的投资回收期较短。在未来，如果要将主动式液体遮阳窗应用于实际项目，还有一些需要深入研究的问题：

（1）主动式液体遮阳窗的工作原理要求有色遮阳液体与周围大气相连通，所以遮阳液体实际上暴露在室内空气中。有色液体有可能会挥发到空气中，从而产生室内空气污染和潜在健康风险，这个问题必须得到解决。另外，由于有色液体挥发损失，需要进行定期补充，意味着需要一定的管理与维护工作。

（2）主动式液体遮阳窗的遮阳效果不均匀。顶部没有有色遮阳液体的部分太阳辐射透过率高于下部，这些太阳辐射直接透射会导致室内的热环境不均匀。同时，窗体内表面温度升高，产生室内环境的不对称辐射问题，可能会引起室内人员，特别是靠近窗户的室内人员的不舒适感。

（3）主动式液体遮阳窗更适用于气候炎热，制冷季节长的地区。但是，在供暖季节，液体的传热可能导致室内向室外的传热量增加，从而带来热损失，不利于室内保温。因此，工程实践中，可以在窗框底部设计一个排空孔，在供暖季节排空有色遮阳液体，减少室内热量损失和能源浪费。

5.2 太阳能吸热水流遮阳窗

5.2.1 研究背景

对于具有外窗的建筑物来说，遮阳是非常重要的。遮阳可以控制太阳辐射在外窗的吸收和透射过程，影响室内热环境和光环境，并影响空调系统的冷热负荷与能源消耗。具有自动控制功能的遮阳系统，以及具有类似功能的自适应遮阳窗无需额外设备和空间占用，就可以实现窗体热量流动的主动控制和建筑节能，因而引起国内外学者的普遍关注。

在此背景下，本研究提出一种太阳能吸热水流遮阳窗，利用有色液体夹层实现遮阳。同时，有色液体在玻璃夹层中和水箱之间循环流动，持续吸收太阳辐射并以热能形式加以利用。太阳能吸热水流遮阳窗能够显著减少室内冷负荷，同时作为建筑一体化的太阳能热收集器，实现利用清洁能源满足建筑物内部热水的需求。

太阳能吸热水流遮阳窗的遮阳系数是可以实时调节的。具体来说，通过向流水中加入和移除染料或微颗粒，来调节流水层的太阳辐射吸收率和透过率，从而改变整个窗体结构的综合太阳辐射透过率。因此，窗体的透过率可以根据预设的时间表或即时天气情况而灵活改变。例如，在阳光明媚的炎热夏季里，向流水中加入更多的染料或微颗粒，以减少太阳辐射进入空调房间。当天气阴沉或傍晚时，以及供暖季节，可从水中部分或完全去除染料或微颗粒，以实现更好的自然采光和日光取暖。

在太阳能吸热水流遮阳窗的实际应用中，工程师必须充分了解水流层的太阳辐射吸收率，以及相关的遮阳率调节控制机制如何影响流水窗的热性能，并据此对系统的结构设计进行优化，以提升节能效果及经济效益。为此，本研究提出了三种控制机制，分别是：室外温度触发控制模式、太阳辐照度触发控制模式，时间表控制模式。建立太阳能吸热水流遮阳窗的物理模型，并通过自行开发的Fortran程序进行数值模拟，对太阳能吸热水流遮阳窗在这三种控制机制条件下的传热性能及建筑全年节能潜力进行评估与分析。

5.2.2 研究方法

太阳能吸热水流遮阳窗系统由水流窗体、保温水箱及换热器、循环泵、染料添加/分离器和管道组成（图5-11）。太阳能吸热水流遮阳窗的窗体由三层玻璃组成，形成了两个腔体。外层玻璃（g1）和中间层玻璃（g3）之间的腔体被循环水（f2）填充，中间层玻璃（g3）和内层玻璃（g5）之间的腔体为密封空腔（a4）。入射太阳辐射在窗体内的能量流动路径以及对流/辐射传热机理如图5-12所示。

循环水（f2）及其相邻的玻璃（g1，g3）以及窗框部分，可看作是太阳能热水系统的集热器。作为热媒的水在窗体空腔和水箱内的换热器之间循环。太阳辐射被窗体空腔内的流动水吸收，并通过保温水箱内的换热器对市政给水进行预热，节约建筑热水制备所需能耗。入射太阳辐射总量部分反射回周围环境，部分传输到室内空间，部分被流动的水和玻璃吸收。被吸收的太阳能首先以热能的形式存储在玻璃或水体中，随后释放到相邻的室内/室外环境，或者被流动的水带走。

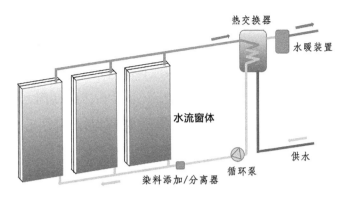

图 5-11　太阳能吸热水流遮阳窗系统结构示意图

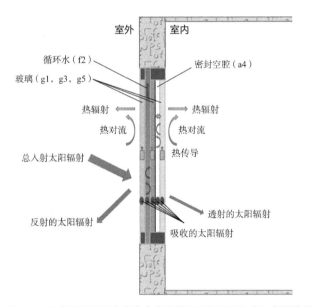

图 5-12　入射太阳辐射在窗体内的能量流动路径以及对流／辐射传热机理

本研究基于能量守恒原理建立太阳能吸热水流遮阳窗系统的物理模型，编写模拟程序，用于预测和评估全年的太阳能利用效果，以及室内得热量削减所带来的建筑节能总量。太阳辐射入射到太阳能吸热水流遮阳窗外表面后，共分为11个部分，如公式（5-23）所示。

$$G_{\text{total}} = G_{\text{ref}} + G_{\text{trans}} + Q_1 + Q_2 + Q_3 + Q_4 + Q_5 + Q_6 + Q_7 + Q_8 + Q_9 \qquad （5-23）$$

式中：　　　G_{total} ——入射太阳辐射总量（W）；

$G_{\text{ref}} = \gamma \cdot G_{\text{T}}$ ——外层玻璃（g1）外表面反射的太阳辐射（W）；

$G_{\text{trans}} = \tau \cdot G_{\text{T}}$ ——透过窗户传递到室内的太阳辐射（W）；

$Q_1 = h_{c,1a} \cdot A \cdot (T_{g1} - T_a)$ ——外层玻璃（g1）外表面与环境之间的对流传热，如果玻璃窗向环境散热则为正，如果玻璃窗从环境吸收热量则为负（W）；

$Q_2 = h_{c,5rm} \cdot A \cdot (T_{g5} - T_{rm})$ ——内层玻璃（g5）内表面与房间之间的对流传热，如果玻璃窗向房间散热则为正，如果玻璃窗从房间吸收热量则为负（W）；

$Q_3 = h_{r,1a} \cdot A \cdot (T_{g1} - T_a)$ ——外层玻璃（g1）外表面和周围固体表面之间的辐射传热，如果玻璃窗向环境散热则为正，如果玻璃窗从环境吸收热量则为负（W）；

$Q_4 = h_{r,5rm} \cdot A \cdot (T_{g5} - T_{rm})$ ——内层玻璃（g5）内表面和房间表面之间的辐射传热，如果玻璃窗向房间表面散热则为正，如果玻璃窗从房间表面吸收热量则为负（W）；

$Q_5 = \rho_{g1} \cdot D_{g1} \cdot C_{g1} \cdot A \cdot \dfrac{\partial \overline{T_{g1}}}{\partial t}$ ——外层玻璃（g1）的储热功率（W）；

$Q_6 = \rho_{g3} \cdot D_{g3} \cdot C_{g3} \cdot A \cdot \dfrac{\partial \overline{T_{g3}}}{\partial t}$ ——中间层玻璃（g3）的储热功率（W）；

$Q_7 = \rho_{g5} \cdot D_{g5} \cdot C_{g5} \cdot A \cdot \dfrac{\partial \overline{T_{g5}}}{\partial t}$ ——内层玻璃（g5）的储热功率（W）；

$Q_8 = \rho_{f2} \cdot D_{f2} \cdot C_{f2} \cdot A \cdot \dfrac{\partial \overline{T_{f2}}}{\partial t}$ ——循环水（f2）的储热功率（W）；

$Q_9 = m_{f2} \cdot C_{f2} \cdot (T_{f2,out} - T_{f2,in})$ ——流动水将热量带离窗体空腔的热功率（W）。

本研究根据物理模型编写Fortran程序，可以在不同的边界条件（即时天气，水流流量及水流入口温度）下对太阳能吸热水流遮阳窗向室内的传热过程进行求解。程序模拟的时间步长设置为10min。在每个时间步长开始时，程序读取边界条件数据，包括天气数据、水流流量及水流入口温度，继而计算窗体表面的入射太阳辐射，包括入射角和直射/散射太阳辐射。之后，根据玻璃窗和水层的光学特性，将入射太阳辐射拆分为透射、反射，以及窗体三层玻璃和流动水层吸收的部分。随后，求解能量平衡方程，计算窗体三层玻璃和流动水层的温度分布。

本研究从两个方面对太阳能吸热水流遮阳窗的热工性能进行评估，分别是太阳能热利用量和室内得热量。太阳能热利用量是根据循环水流的流量和出入口的温度差计算的。结合入射到太阳能吸热水流遮阳窗表面的太阳辐射数值，可计算水流窗的太阳能热利用效率。同时，太阳能吸热水流遮阳窗引起的室内得热量由两部分组成，分别是直接透射的太阳辐射，以及内层玻璃内表面与室内环境的对流/辐射传热。直接透射的太阳辐射可根据入射到太阳能吸热水流遮阳窗的太阳辐射总量和水流窗的综合太阳辐射透过率计算。内层玻璃内表面与室内环境的对流/辐射传热可根据内层玻璃内表面与室内环境的温度差和对流/辐射传热系数计算。在每个时间步长，对计算所得的太阳能热利用量和室内得热量进行累计，实现对太阳能吸热水流遮阳窗全年性能与节能总量的预测。

5.2.3 性能模拟

1. 房间和窗口配置

本研究使用深圳市典型气象年的气象数据，分析不同自适应遮阳控制机制下太阳能吸热水流遮阳窗的性能。深圳市位于中国东南部，经度为114.1°E，纬度为22.55°N。深圳市全年平均气温为22.9℃，最高和最低气温分别为38.0℃和4.0℃。随着经济快速增长和人民生活水平的不断提高，深圳市的绝大部分建筑都配备了空调设备，在漫长的制冷季节中消耗大量的能源。

假设太阳能吸热水流遮阳窗位于一间3.0m（长度）×3.0m（宽度）×3.0m（高度）的空调住院病房内。空调系统全年365天开启，制冷季节室内温度预设为21℃，制热季节预设为25℃。水流窗朝南，尺寸为2.0m（高度）×1.0m（宽度）。

2. 模拟案例

比较案例中太阳能吸热水流遮阳窗的设置如表5-3所示。

比较案例中太阳能吸热水流遮阳窗的设置　　　　　　　　　　　　　　表5-3

案例编号	窗口构成	水的流量（kg/s）	水层的额外遮蔽率（%）
1	L+A+C	—	—
2	C+W+L+A+C	0.005	0
3	C+W+L+A+C	0.005	25
4	C+W+L+A+C	0.005	0，并且在环境温度超过28℃时变为25

案例编号	窗口构成	水的流量（kg/s）	水层的额外遮蔽率（%）
5	C+W+L+A+C	0.005	0，并且在环境温度超过27℃时变为25
6	C+W+L+A+C	0.005	0，并且在水平面总太阳辐射超过700W/m² 时变为25
7	C+W+L+A+C	0.005	0，并且在水平面总太阳辐射超过600W/m² 时变为25
8	C+W+L+A+C	0.005	0，并且在每天上午10点至下午2点期间变为25
9	C+W+L+A+C	0.005	0，并且在每天上午11点至下午3点期间变为25

本研究中的案例1为基准案例，采用常见的双层玻璃结构，即低辐射玻璃和透明玻璃组合（以下简称"L+A+C"）。其中，L、A和C分别代表低辐射玻璃、空气层和透明玻璃。其中，低辐射玻璃具有方向性，在夏热冬暖地区应将低辐射层朝向室内以减少室外向空调房间的热量传递，因为在冷却季节，过度的室内热量增加是能源消耗巨大的主要原因。案例2～案例9采用太阳能吸热水流遮阳窗，由3层玻璃、1个流动水层和1个空气夹层组成。这种窗玻璃组合简写为"C+W+L+A+C"，其中W代表流动水层。低辐射玻璃作为中间层玻璃，位置为图5-12中的g3，低辐射层仍然朝向室内以减少室内热量传递。对于以降低室内热量损失为主要目标的气候区域，低辐射玻璃应位于g5的位置，并将低辐射层朝向室外从而减少室内冬季热量损失。

水流层（即图5-12中的f2部分）的厚度为0.01m，太阳辐射吸收率为0.1357。另外，水流层的入口水温与室内温度相同，并假设与市政自来水在水箱中进行了充分的热交换。案例中的透明玻璃厚度为6mm，低辐射玻璃厚度为5.9mm。从软件WINDOW中获取两种玻璃的光学性能，如表5-4所示。

两种玻璃的光学性能   表 5-4

玻璃类型	透明玻璃	低辐射玻璃
厚度（m）	0.006	0.0059
法线入射时的太阳透过率	0.806	0.489
法线入射时的太阳反射率（正面）	0.072	0.390
法线入射时的太阳反射率（背面）	0.071	0.447
发射率（正面）	0.84	0.84
发射率（背面）	0.84	0.022

利用软件WINDOW计算窗户的综合光学性能。对于案例1和案例2，法线入射时的太阳辐射综合透过率分别为0.421和0.310。案例3～案例9采用含有染料或微颗粒的着色水。通过控制水中染料或微颗粒的浓度，可以获得所需的遮阳系数。本研究中，假定水中染料或微颗粒的浓度所带来的额外遮阳率为25%。这意味着，当水流层含有染料或微颗粒时，窗体的太阳辐射综合透过率降低到案例2中太阳辐射综合透过率的75%。

对于案例3，水流层采用恒定的额外遮阳率25%，窗户的综合太阳辐射透射率保持恒定为0.230。对于案例4～案例9，根据实时的天气或时间，即仅在环境温度或入射太阳辐射超过某个值或在一天的某些时段向水中添加染料或微颗粒。目的是在早上和下午提供足够的自然采光，营造良好的室内光环境，并在炎热或晴朗的天气下遮阳。在图5-11中，通过着色剂添加/分离器实现染料或微颗粒的添加和去除。

在案例2～案例9中，循环内的水流速率设置为0.005kg/s。在实际项目中可以根据建筑功能、气候、热水需求等因素，对水流速率进行灵活调整。应当注意的是，当流动水的热量增益为负时，即水流的出口温度低于入口温度时，程序自动将流量切换为0。也就是说，利用控制阀关闭水流循环，以防止水流向环境散失热量。

3.水流窗的全年性能

表5-5和表5-6所列数据为案例1（普通双层玻璃窗）和案例2（没有染料或微颗粒的太阳能吸热水流窗）在深圳气候条件下的全年热工性能。图5-13为案例2的太阳能吸热水流窗每月太阳能热利用总量和太阳能热效率。在表5-5和表5-6中，入射太阳辐射能量是指在每天的8：00至20：00期间，入射到单位面积窗体表面的太阳辐射。窗户引起的室内得热量由直接透射的太阳辐射和来自内层玻璃内表面的对流/辐射传热组成。在环境温度低于21℃时，进入室内的热量被视为是有利于保持室内温暖的得热量，也即有益得热量；而若室内向室外损失热量，则视为是不利热损失。在环境温度高于25℃时，进入室内的热量被视为是不利于保持室内凉爽的得热量，也即不利得热量；而若室内向室外损失热量，则视为是有益热损失。

对于所研究的窗体，无论是普通双层玻璃窗，还是太阳能吸热水流窗，全年的太阳辐射入射总量均为3928.42MJ/m²。从图5-13中可知，冬季的太阳辐射总量高于夏季。12月的太阳辐射总量为534.17MJ/m²，为全年最高。这主要是因为

案例1的逐月热性能   表 5-5

月份	入射太阳辐射能量（MJ/m²）	室内得热量（MJ/m²）	室内热损失（MJ/m²）	有益得热量（MJ/m²）	有益热损失（MJ/m²）	不利得热量（MJ/m²）	不利热损失（MJ/m²）
1月	439.91	134.14	14.83	86.04	0.00	48.10	14.83
2月	302.77	74.85	14.05	56.41	0.00	18.44	14.05
3月	256.88	54.38	11.69	14.57	0.59	39.81	11.10
4月	238.01	52.83	8.02	8.30	0.90	44.53	7.12
5月	240.14	46.49	11.52	0.00	8.05	46.49	3.47
6月	226.28	45.89	9.16	0.00	7.85	45.89	1.30
7月	226.40	43.49	8.98	0.00	7.93	43.49	1.04
8月	240.99	45.09	9.80	0.00	9.46	45.09	0.34
9月	279.56	54.00	12.30	0.00	11.59	54.00	0.72
10月	465.79	121.38	12.27	4.12	5.91	117.26	6.36
11月	477.51	145.53	15.94	19.38	0.60	126.16	15.34
12月	534.17	183.12	12.44	94.62	0.00	88.50	12.44
总计	3928.42	1001.19	140.99	283.43	52.89	717.77	88.10

案例2的逐月热性能   表 5-6

月份	入射太阳辐射能量（MJ/m²）	室内得热量（MJ/m²）	室内热损失（MJ/m²）	有益得热量（MJ/m²）	有益热损失（MJ/m²）	不利得热量（MJ/m²）	不利热损失（MJ/m²）
1月	439.91	63.57	11.30	39.25	0.00	24.32	11.30
2月	302.77	31.02	14.63	21.61	0.00	9.42	14.63
3月	256.88	20.18	6.73	2.97	0.00	17.21	6.73
4月	238.01	18.58	2.08	0.17	0.00	18.41	2.08
5月	240.14	16.38	1.25	0.00	0.00	16.38	1.25
6月	226.28	18.78	0.06	0.00	0.00	18.78	0.05
7月	226.40	23.64	0.04	0.00	0.00	23.64	0.04
8月	240.99	26.10	0.00	0.00	0.00	26.10	0.00
9月	279.56	40.41	0.00	0.00	0.00	40.41	0.00
10月	465.79	78.96	2.41	1.47	0.00	77.50	2.41
11月	477.51	76.92	3.62	8.48	0.00	68.44	3.62
12月	534.17	92.08	3.88	44.30	0.00	47.78	3.88
总计	3928.42	506.62	45.98	118.24	0.00	388.38	45.98

自 能 自 适 建 筑

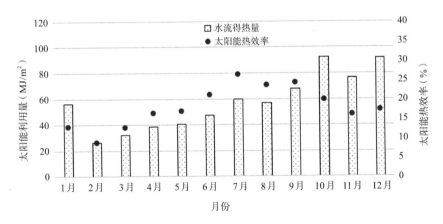

图 5-13　案例 2 全年太阳能利用量及热效率

深圳位于北半球，冬季阳光高度角较小，这有利于南向竖直窗户的太阳能收集。高太阳辐射水平与冬季较大的建筑热水需求相吻合，有利于在深圳大规模应用水流窗。6月的太阳辐射总量为226.28MJ/m²，为全年最低。

对于案例1，全年通过窗户的室内得热量为1001.19MJ/m²。其中，当环境温度低于21℃时发生的得热部分被视为有益得热量，为283.43MJ/m²。其余的717.77MJ/m²室内得热量是室内/室外温差和太阳辐射透射所导致的不利室内热量增益，后续将转化为冷负荷，导致空调系统的能耗增加。对于案例2，全年通过窗户的室内得热量为506.62MJ/m²，其中当环境温度低于21℃时的得热部分118.24MJ/m²被视为有益，其余的388.38MJ/m²的差值是不利的室内热量增益，与案例1相比减少了45.89%。

对于案例1，全年通过窗户的室内热量损失为140.99MJ/m²，当环境温度高于25℃时，室内的热量损失可视为有利热损失，总量为52.89MJ/m²。其余的88.10MJ/m²是由室内/室外温差引起的不利的室内热量损失——将需要空调系统提供同样多的热量来弥补这部分热量损失。对于案例2全年总室内热损失为45.98MJ/m²，其中当环境温度高于25℃时没有室内热损失。因此，不利的室内热损失为45.98MJ/m²，与案例1相比减少了42.12MJ/m²。

水流的得热量是通过流经窗体空腔前后的温度增量计算的。本研究中将进水温度预设与室温相同。对于案例2，总计3928.24MJ/m²的入射太阳辐射能量中，有687.22MJ/m²被流动水吸收。窗体作为太阳能热收集器的收集效率高达

17.49%。冬季水流的得热量和太阳能热效率都更高，因为太阳辐射更强。最大的月度水流得热量分别在10月和12月，达到92.35MJ/m²和92.00MJ/m²。同时，最高的太阳能热效率出现在7月，达到26.32%。

总的来说，太阳能吸热水流窗的室内制冷负荷相比普通玻璃窗大大降低，同时在很少占用额外空间的前提下实现了建筑一体化的太阳能利用。太阳能吸热水流窗在制冷期长、制冷负荷高和需要大量热水供应的建筑场景下，具有较好的应用前景。

4. 恒定水层遮阳率的水流窗口的全年性能

在案例3中，向水流中添加染料或微颗粒以保持25%的额外遮阳率，即太阳能吸热水流窗的太阳辐射透射率从案例2的0.310降至0.230。案例3的全年热性能和全年太阳能利用量及热效率如表5-7和图5-14所示。

比较表5-6和表5-7中的数据，案例3的全年综合热性能比案例2好。通过太阳能吸热水流窗的室内得热量进一步降低，太阳能热效率提高。在表5-7中，案例3的全年室内热损失降低到385.39MJ/m²，相比案例2降低23.93%。在全部的

案例3的全年热性能（添加染料或有色颗粒且额外遮阳率
恒定为25%的太阳能吸热水流窗）   表 5-7

月份	入射太阳辐射能量（MJ/m²）	室内得热量（MJ/m²）	室内热损失（MJ/m²）	有益得热量（MJ/m²）	有益热损失（MJ/m²）	不利得热量（MJ/m²）
1月	42.47	12.00	25.38	0.00	17.08	12.00
2月	20.36	15.32	13.71	0.00	6.65	15.32
3月	16.25	7.01	1.78	0.00	14.47	7.01
4月	16.81	2.19	0.07	0.00	16.73	2.19
5月	16.13	1.26	0.00	0.00	16.13	1.26
6月	18.78	0.06	0.00	0.00	18.78	0.05
7月	23.52	0.04	0.00	0.00	23.52	0.04
8月	24.22	0.00	0.00	0.00	24.22	0.00
9月	33.46	0.00	0.00	0.00	33.46	0.00
10月	57.37	2.74	0.91	0.00	56.46	2.74
11月	52.77	3.98	5.21	0.00	47.55	3.98
12月	63.26	4.12	28.99	0.00	34.27	4.12
总计	385.39	48.71	76.06	0.00	309.34	48.71

室内得热量中，有76.06MJ/m²发生在环境温度低于21℃时，可视为是有利得热量，其余的309.34MJ/m²是不利室内得热量。这表明，在流动水中添加染料提供额外遮光的太阳能吸热水流窗，可进一步减少室内的冷负荷79.04MJ/m²，降幅高达20.35%。此降幅低于25%的水流层额外遮光率，原因是室内得热量不仅由透过窗户的太阳辐射引起，还受到室内和周围环境的温度差影响。

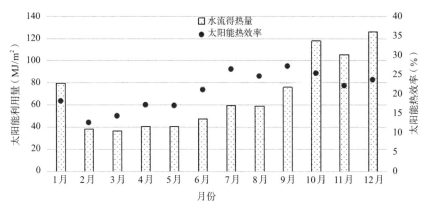

图5-14 案例3全年太阳能利用量及热效率

案例3的室内热损失总量和有利热损失总量与案例2相似。室内热损失总量为48.81MJ/m²，仅比案例2高2.72MJ/m²，表明冬季的室内热负荷略微增加。考虑到冷负荷的降低幅度较大，室内热负荷的轻微上升是可以接受的。

在太阳能热利用方面，案例3的表现同样优于案例2。在图5-14中，全年太阳能热利用总量为827.50MJ/m²，太阳能热效率为21.06%，相比案例2高20.4%。与案例2类似，案例3的太阳能热利用总量在12月和10月更高，分别为126.02MJ/m²和117.83MJ/m²。月度太阳能热效率在9月和7月最高。案例3在太阳能集热方面表现更好的主要原因是：添加了染料或有色颗粒的水流层太阳辐射吸收率增加，因而水流可吸收更多的太阳辐射能量。

总之，案例3中的着色水有助于全年进一步降低空调负荷，促进更多的可再生能源利用，这对建筑节能非常有利。同时，较低的太阳透射率可以帮助减少因直接太阳辐射而导致的眩光和不舒适的辐射不对称性的风险。有学者认为，包括遮阳在内的透明隔热层的综合辐射透过率不应超过15%。因此，水流窗的综合太阳辐射透过率可视为评价其环境营造和设计优化的一个度量。当入射角为30°

和60°时，案例2的综合辐射透过率为29.3%和19.7%，而案例3的综合辐射透过率为21.0%和11.7%。这些值表明，具有自适应遮阳控制的水流窗可以更好地保证在强烈的太阳辐射下室内适宜的光环境。

需要注意的是，尽管流动水的更高遮阳率带来了更好的热性能，但降低的可见光透过率可能不足以在阴天或晚上维持适宜的光环境，并导致人工照明的额外电力消耗。因此，本研究提出太阳能吸热水流遮阳窗的自适应控制机制，也就是仅在特定情况下通过向循环水添加染料或微颗粒来改变窗户的遮阳率。

5. 自适应控制机制下的全年表现

为缓解强太阳辐射透射引起的室内眩光和过度遮阳所引起的阴天人工照明的额外用电，一个有效的方法是：仅在特定条件下，有选择性地向流动水中添加染料或微颗粒。如表5-3所列，案例4～案例9采用了三种控制模式，可在环境温度或入射太阳辐射超过一定值或按照一定的时间表灵活地改变窗体系统的遮光系数。目标是在需要时提供额外的遮阳。这些遮阳控制机制下的水流窗口性能如表5-8和图5-15所示。

在表5-8中，与案例2相比，案例4～案例9（具有自适应调节机制，在特定条件下向水中添加染料或有色颗粒物的太阳能吸热水流遮阳窗）的热性能都有所改善。例如在案例4和案例5中，当环境温度超过28℃或27℃时，通过向流动水中添加染料或微颗粒来改变窗户的遮阳率，也就是改变窗体所允许透过进入室内的太阳辐射量占窗体外表面所接收到的太阳辐射总量的比例。全年遮阳率的调节

案例2～案例9的全年热性能比较　　　　　　　　　　　　　表5-8

案例编号	2	3	4	5	6	7	8	9
入射太阳辐射能量（MJ/m²）	506.62	385.39	491.30	483.57	486.71	463.61	451.52	449.20
室内得热量（MJ/m²）	45.98	48.71	45.98	45.98	45.98	45.98	47.04	46.87
有益得热量（MJ/m²）	118.24	76.06	118.24	118.24	113.31	103.63	101.07	101.96
有益热损失（MJ/m²）	0.00	0.00	0.00	0.00	0.00	0.00	0.00	0.00
不利得热量（MJ/m²）	388.38	309.34	373.06	365.33	373.40	359.98	350.45	347.24
不利热损失（MJ/m²）	45.98	48.71	45.98	45.98	45.98	45.98	47.04	46.87
太阳能集热量（MJ/m²）	687.22	827.50	705.11	714.36	710.10	737.07	750.69	753.73
太阳能热效率（%）	17.49	21.06	17.95	18.18	18.08	18.76	19.11	19.19

时长（h）指的是在一年365天中，室内外环境参数达到预先设定的指标，从而启动遮阳调节功能的总时长，其与当地气候特征等因素有关。结果显示，与案例2相比，太阳能吸热水流窗的室内得热总量略有降低（案例4为15.32MJ/m²，案例5为23.05MJ/m²），而窗户的室内热量损失总量没有降低。模拟结果表明，在整个年度内，案例4的水层遮阳率被改变了1553h，案例5则为2267h。这种改变大多发生在制冷季节的中午，遮阳率的增加有利于减少空调系统的冷负荷和耗电量。由于这种触发条件（较高的环境温度）在冬季很少发生，所以基于环境温度的控制机制基本上不会影响室内热量损失。

在案例6和案例7中，只有当水平太阳辐射总量超过700W/m²或600W/m²时，才向流动水中添加染料或微颗粒。与前边的温度触发机制相比，这种控制机制在减少室内得热量方面更加有效。案例6和案例7的全年室内得热量减少了19.92MJ/m²和43.01MJ/m²。模拟结果显示，在整个年度内，案例6和案例7的水层遮阳率分别调整了130h和321h。这种改变大多发生在阳光充足的中午时分，因此这种控制机制在防止室内眩光方面更为有效。同样地，案例2、案例6和案例7的室内热量损失总量保持不变。

在案例8和案例9中，太阳能吸热水流窗的水流层遮阳率分别在上午10点至下午2点和上午11点至下午3点之间发生调整。与其他控制机制相比，这种控制方式导致室内得热量的减少幅度最大。每天，水层遮阳率被调整4h，即每年1460h。对于案例8和案例9，通过窗户的室内得热总量分别为451.52MJ/m²和449.20MJ/m²，与案例2相比，降低率分别为10.88%和11.33%。在案例8和案例9中，太阳能吸热水流窗的室内热损失略有增加，这是由于冬季中午的水流层遮阳率被调高，使得透射进入室内的太阳辐射不足以覆盖房间向周围环境的热损失。

在图5-15中，案例4～案例9的全年太阳能集热总量高于案例2，但低于案例3。这6种情况下的太阳热收集量在705.1～753.7MJ/m²的范围内变化。太阳集热总量的顺序从最低到最高分别是案例4，案例5，案例6，案例7，案例8和案例9。而太阳能利用的热效率在17.95%～19.19%范围内变化。这意味着使用太阳能吸热水流遮阳窗后，大约18%的入射太阳辐射可以用于热水预热，有助于建筑设备系统的节能。

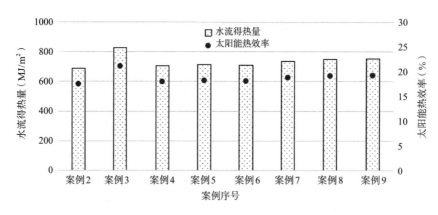

图5-15　案例2～案例9全年太阳能利用总量及热效率

5.2.4 发展前景

　　本研究的研究对象是具有自适应遮阳控制功能和太阳能集热功能的太阳能吸热水流遮阳窗。通过建立太阳能吸热水流遮阳窗的数值模型，预测其在不同遮阳控制机制下的全年热性能。与普通双层玻璃窗相比，太阳能吸热水流遮阳窗可以在制冷季节减少窗户引起的室内得热量，从而降低空调系统的能源消耗。通过将染料或有色微颗粒加入流动的水中，实现25%的额外遮阳率，可以进一步减少室内得热20.35%。本研究还提出了以室外环境温度、水平太阳辐射总量和恒定时间表为触发机制的控制策略，计算不同控制策略条件下的窗体热性能及太阳能利用情况，从而为太阳能吸热水流遮阳窗在未来绿色建筑中的实际应用奠定了基础。在深圳的气候条件下，每平方米的太阳能吸热水流遮阳窗，全年可以收集并利用超过680MJ的太阳能用于建筑用热水的预热，实现17.95%～21.06%的太阳能热利用效率。

　　总的来说，太阳能吸热水流遮阳窗更适用于太阳能资源丰富、热水需求量大的建筑物。在实践应用中，应充分考虑地域气候、建筑规模、热水需求、窗户大小和位置以及室内人员对室内光环境的喜好，再确定水流遮阳率的控制机制。数值模拟将是预测太阳能吸热水流遮阳窗，以及其他类型的自能自适建筑构件的热性能和投资回收期的有效辅助工具。将相关模型作为插件融入建筑环境与能耗模拟软件，可启发绿色建筑行业工程师，从而促进新型建筑节能技术发展。

面向未来的自能自适建筑

6.1 未来建筑

说到未来建筑，我们憧憬它是更加绿色和以健康为本的、更加舒适和以人为本的、更加智能和智慧感知的。在网络中，未来建筑的定义是：未来建筑是人类对建筑材料、建筑结构、建筑装饰、建筑整体等建筑不同方面而进行感性、实用性、环保性、个性化、安全性等不同价值取向的多样化追求，从而呈现出高科技现代化的建筑景象。

本书的主题是自能自适建筑，这是一种可以自供能、自适应、面向未来的建筑。自能、自适性能将融入未来建筑的安全、实用、环保等特征中。

首先，建筑的安全性是使用者对于建筑的最基本要求。不论是在现在，还是在未来，安全性永远都是设计建筑的重要原则。传统建筑学强调要充分考虑建筑物所在地区的风、雨、雷、电、地震、地质等情况。在未来，建筑的安全性要增加更多内容，如能源安全、防疫安全、价值安全等。从这些新的安全层面出发，通过深入研究与不断创新，自能自适建筑应当能够以可再生能源利用保障能源安全、以高效率自然通风减轻疫情传播风险、以灵活可变性适应功能需求的变化以提升楼宇价值。

其次，建筑的实用性，即建筑的功能性，体现的是房屋的使用需要或建造目的。建筑功能是建筑构成的基本要素之一，任何建筑都有为人所用的功能。建筑功能的要求不是一成不变的。随着社会生产力的发展，经济的繁荣，物质文化生活水平的提高，人们对建筑功能的要求也将日益提高，满足新的建筑功能的房屋也应运而生。如果我们希望未来建筑像人一样学习、发展、创新和升级，那就更加应当赋予建筑物自能、自适的功能。自能自适建筑好像拥有生物的新陈代谢功能，吐故纳新，适应环境变化而做出逻辑判断和执行动作，通过提升自身的自能、自适性能，实现循环迭代升级。

最后，建筑的环保性追求是未来建筑设计的重要方向。环保性追求的是不可再生能源消耗最小化、水资源消耗最小化、垃圾排出最小化。在这些方面，自能自适建筑通过太阳能光伏发电系统、太阳能热水系统、能源利用智能控制系统、雨水收集利用系统、水资源循环利用系统、垃圾分类收集资源化利用系统等的一体化设计和高效运营，满足未来城市的可持续发展需要。自能自适建筑技术和理念有助于减少建筑对环境的影响，提高建筑的效率，为人们创造更加舒适、健康、安全的居住和工作环境，是建筑行业应对全球气候变化和资源短缺等挑战的重要举措，为未来城市的可持续发展做出贡献。

6.2 自能自适建筑展望

本书的第 2 章和第 3 章对建筑自产能与自适应的主要技术措施与实际案例进行了介绍。自能自适建筑就是具备（或超越）这些自产能、自适应性能的主动式建筑。

在绿色建筑领域，被动式建筑是经常被提及的概念。被动指的是通过建筑设计本身（而非利用机械设备），达到减少建筑照明、采暖及空调能耗的目标。设计的方法有合理设置建筑朝向、建筑保温、建筑体形、建筑遮阳、窗墙比、自然通风路径等。从能量获取的角度来说，被动式建筑通过建筑物本身（而非利用耗能的机械设备）来收集、储蓄能量使得与周围环境形成自循环的系统，以充分利用自然、可再生、清洁能源，达到节约自然资源和化石能源的目的。

而本书要着重论述的自能自适建筑，更加强调建筑在能量使用方面的"自给自足"和在环境适应方面的"随机应变"，是更加主动的建筑类型。根据《主动式建筑评价标准》，主动式建筑指的是在建筑的设计、建造、运营维护的全寿命期内，通过建筑的可感知与可调节能力，实现健康舒适、节约资源与保护环境的综合平衡，促进使用者身心愉悦的一种建筑。主动式建筑具有"主动性能"，即建筑可以通过主动设计策略来感知室内外环境变化、主动调节室内环境以满足使用者的需求，也即通过主动设计策略赋予建筑本身的感知和调节的能力。

事实上，在自能自适建筑中，被动式设计与主动式功能可以互相结合、互相促进以达到更好的舒适室内环境营造、建筑综合节能效果。以相变围护结构为例，将具有适宜相变温度的相变材料加入建筑围护结构（墙体、屋面、窗户等），在环境温度较高或太阳辐射猛烈时吸收热量并以潜热形式蓄存，并在环境温度降低到熔点温度以下时释放。这样做的好处是：减少室内空气温度波动、维持热环境舒适、降低空调及采暖系统能耗。但是，固定式的相变围护结构难以主动适应气候条件的变化，也难以兼顾制冷季节和采暖季节的不同工况。以住宅为例，若使用相变材料墙体，带来的好处是冬季可以将白天的太阳热能吸收并存储在墙内，并在夜间缓慢释放到室内，起到减少夜间采暖负荷和能耗的作用。但是，这种相变材料墙体在夏季会起到同样的作用，就是将日间的太阳辐射得热转移到夜间，这对室内人员夜间的热舒适是十分不利的，会增加晚间空调系统的制冷能耗——因而不适合用于居住建筑。

除了要解决上述的气候适应性问题，自能自适建筑还力争解决建筑可再生能源利用的竞争与平衡问题。这方面的典型例子就是对于建筑物外立面上宝贵的太阳能资源的合理利用的关键问题。为了实现建筑与城市的可持续性，未来建筑设计将不可避免地要面对（或者正在面对）如下难题：

——如何实现充分利用太阳能发电降低碳排放？

——如何协调自然采光与遮阳防眩提高光舒适？

——如何兼顾保温隔热和日光取暖以降低空调能耗？

从建筑中可再生能源利用角度出发，建筑表面接收到的太阳能资源量大面广，其光伏、光热利用与建筑本体风力发电、生物质能利用等技术方案相比，具有更高的可行性、安全性与技术成熟度。目前，太阳能建筑一体化是绿色建筑的重要趋势，并将成为未来高密度城市中清洁产能的"重要战场"。为了兼顾光伏发电与自然采光，未来自能自适建筑的可能形态是：

——建筑表面（屋面和立面）充分利用太阳能光热与光伏产能；

——结构上具有可变形功能，可以根据气候变化、建筑使用规律等做出变形、伸缩、折叠、旋转等主动动作，实时调节太阳辐射的透射与吸收利用比例。

本章将分别从建筑材料、建筑结构与研究工具三个角度，讨论未来自能自适建筑的研究方向与发展思考。

6.3 自能自适建筑材料

随着科技的不断发展,建筑材料也在不断更新换代。科学家们通过研究和实验,已经研发出多种新型建筑材料,如高性能混凝土、高强度钢材、新型隔热材料等。这些新型建筑材料可以有效地提高建筑物的安全性、舒适度和能源利用效率;降低建筑物对环境的影响,减少资源消耗和废弃物产生,从而更好地满足人们对于可持续发展的需求。一些颇有颠覆性功能的建筑材料可以为自能自适建筑的研究与发展提供"养料",例如自适应混凝土、纳米建筑材料、气凝胶隔热材料。

6.3.1 自适应混凝土

混凝土是世界上使用最广泛的建筑材料,但它有两个缺点,可能会影响建筑物的安全性。缺点之一是普通混凝土抗弯曲性能较差,缺点之二是普通混凝土容易出现裂缝。混凝土裂缝会降低结构的承载能力、耐久性和防水性,缩短建筑物使用年限。未来的自能自适建筑有望利用具有高性能,甚至是具有自适应性能的混凝土,实现建筑健康、安全、耐久。

为了应对普通混凝土抗弯曲性能较差的缺陷,科学家发明了高延性混凝土。高延性混凝土是基于微观力学的设计原理,以水泥、石英砂等为基体的纤维增强复合材料,具有高延性、高耐损伤能力、高耐久性、高强度、良好的裂缝控制能力,又称"可弯曲的混凝土"。国家标准《水泥混凝土和砂浆用合成纤维》GB/T 21120—2018规定,可用于高延性混凝土的纤维主要包括聚丙烯粗纤维、聚乙烯醇纤维、聚丙烯微细纤维等。高延性混凝土可广泛应用于砖砌体墙与混凝土构件的加固修复,且取得良好的加固效果。用这种混凝土加固的砖墙抗冲击和抗倒塌能力可以提高10倍以上。用高延性混凝土对房屋加固改造,可节省工期70%,节省材料70%。

为了应对普通混凝土容易出现裂缝的问题,科学家研发出自愈性混凝土。自愈性混凝土是具有感知和修复性能的在裂缝产生后能够自行修补的"机敏混凝土",其自愈性能通过纤维材料、微生物和胶囊等实现。国内外科学家们发挥混合材料和功能材料的固有特性,如:利用具有吸湿膨胀能力的高吸水树脂等材料以及微生物的矿化作用及沉淀反应,使生成的沉淀物在混凝土裂缝中,从而达到更好的混凝土自愈效果。欧进萍教授团队研究基于胶囊的自修复混凝土,具体技术措施是:在胶囊中放入混凝土修复剂,当混凝土产生裂缝或受外力作用破坏时造成胶囊壁破裂,修复剂在裂缝处发生混凝土的自愈修复反应。

近年来,微生物自愈混凝土受到人们的关注。这是一种可自行修补裂缝的实验性混凝土,包含可生产石灰石的休眠的细菌孢子和细菌生长所需要的养分,通过作用于结构的腐蚀性雨水渗入加以激活,以期对混凝土开裂部分进行局部填充。这种新材料有望提高混凝土的使用寿命,并降低混凝土结构的维护成本。荷兰代尔夫特理工大学的微生物学家亨克·杨克斯和混凝土技术专家埃里克·施兰根将混凝土愈合所需的细菌孢子和营养物质作为颗粒添加到混凝土配合料中。若混凝土产生裂缝,雨水会进入裂缝并激活处于休眠状态的孢子。这些杆菌属细菌将汲取养分,产生石灰石并实现修补混凝土裂缝、延长混凝土结构的寿命。

目前,混凝土自愈或自修复技术的成本还较高,而且还存在一些有待改良的激素问题。例如,当采用混凝土胶囊修复技术时,如果缺少外力作用,则胶囊壁不易破坏,那么混凝土修复剂也就难以发挥作用,从而影响到裂缝的自修复;同时,对于利用具有吸湿膨胀能力的高吸水树脂实现混凝土自愈的材料,其修复过程需要水分的参与,因而在干旱地区的混凝土修复过程将受到影响;另外,混凝土的自然愈合作用时间较长,因而不适用于一些裂缝宽度较大的混凝土结构。这些问题需要科学家们进一步探索。

6.3.2 纳米建筑材料

读过《三体》小说的读者可能对一个情节印象深刻。故事中,为了抓捕地球上支持三体文明的组织,人们将一种超强度纳米材料细线拦在轮船必经的运河上。这些纳米材料细线像古筝的"琴弦"一般排列,等组织成员乘船经过,"琴弦"将船切成碎片。"琴弦"是一种纳米级材料,来自《三体》主人公之一汪淼的研究。

纳米是一种长度的度量单位，1nm＝10^{-9}m，相当于一根头发丝直径的1/60000，而纳米材料是纳米级结构材料的简称，这种材料的结构单元尺寸介于1～100nm范围之间。这个尺度已经微观到了原子、分子级别，许多物质在这种级别上都会呈现出与宏观状态时十分不同的性质，这与组成物质的原子的排列结构有关。宏观状态时，某些物质的原子排列很不规则，但如果在纳米尺度下将原子按照某些规律整齐排列，就能产生一些特殊的性质，如磁性增大、韧性变强、导电性质更好等。

纳米技术正在推动材料科学的发展，不断取得新的突破，极大地推动了新型建材技术的发展。纳米技术在新型建筑涂料、复合水泥、自洁玻璃、陶瓷、防护材料等方面都具有很好的发展应用前景。

（1）纳米涂料。纳米涂料可改善传统涂料常有的悬浮稳定性差，耐老化、耐洗刷性差，光洁度不够等缺陷。此外，纳米涂料具有很好的伸缩性，能够弥盖墙体细小裂缝，具有对微裂缝的自修复作用；具有良好的防水性，抗异物黏附及沾污性能，以及抗碱、耐冲刷性；具有除臭、杀菌、防尘以及隔热保温性能。

（2）纳米环保复合水泥。纳米环保复合水泥是利用纳米材料的光催化功能，从而使水泥制品具有杀菌、除臭以及表面自清洁等功能。与普通混凝土相比，纳米环保复合混凝土的强度、硬度、抗老化性、耐久性等性能均有显著提高。

（3）纳米技术玻璃。普通玻璃在使用过程中会吸附空气中的有机物，形成难以清洗的有机污垢。水在玻璃上易形成水雾，会影响可见度和反光度。通过在平板玻璃的两面镀制一层二氧化钛纳米薄膜形成的纳米玻璃，能有效缓解上述问题。同时，二氧化钛光催化剂在阳光作用下，可以分解甲醛、氨气等有害气体。

（4）纳米技术陶瓷。陶瓷因其具有较好的耐高温和抗腐蚀性以及良好的外观性能而在工程界得到了广泛的应用。但是，陶瓷易发生脆性破坏，大大限制其应用场合。用纳米碳化硅、氧化锌等制成的陶瓷材料具有高硬度、高韧性、高强度、耐磨性、低温超塑性、抗冷热疲劳等性能优点。纳米金属陶瓷可用作火箭喷气口的耐高温材料。

（5）纳米技术保温材料。传统的聚氨酯、石棉隔热保温材料在使用过程中容易产生一些对人体有害的物质，如石棉与纤维制品含有致癌物质，聚氨酯泡沫燃烧后释放有毒气体。使用纳米材料开发研制的保温材料能避免这些弊端。例如，以无机硅酸盐为基料，经高温高压纳米功能材料改性而成的保温材料具有很好的保温效果，是一种绿色环保且对人体无害的保温材料。

6.3.3 气凝胶隔热材料

气凝胶隔热材料指通过溶胶凝胶法，用一定的干燥方式使气体取代凝胶中的液体而形成的一种纳米级多孔固态材料，是一种超级隔热保温材料（图6-1）。执行过火星表面探测任务的"索杰纳"火星车的热控系统就利用了气凝胶的超级隔热保温性能，以应对火星表面−123℃的极低温度。

图6-1　气凝胶隔热材料

气凝胶具有优异的隔热性能，原因是内部均匀致密的纳米孔及多级分形孔道微结构可以有效阻止空气对流，降低热辐射和热传导。用火焰隔着气凝胶对一朵花进行加热，花朵几乎没有任何损伤。气凝胶的材质有多种，"索杰纳"火星车中应用的气凝胶成分是二氧化硅，其耐受高能辐射的能力很强，不会发生性能的退化。气凝胶可以制作成保温毡，具有柔软、易裁剪、密度小、无机防火、整体疏水、绿色环保等特性，有望替代玻璃纤维制品、石棉保温毡、硅酸盐纤维制品等传统柔性保温材料。

气凝胶的制备过程一般分为两步：制备湿凝胶，干燥。湿凝胶最传统的制备方法是溶胶-凝胶法。将含高化学活性组分的化合物分散在溶剂中，经过水解反应生成活性单体，活性单体聚合并形成溶胶，进而生成具有一定空间结构的凝胶。此时制作出来的凝胶有点类似果冻，再进行干燥处理即可得到气凝胶。为防止表面张力作用下凝胶骨架坍塌，可通过冷冻干燥技术进行干燥——将湿凝胶在低温冷冻，接着置于真空条件下干燥。气凝胶生产过程中凝胶中的液体被气体取代，形成非常多的空洞及结构胞元，因此具有极低的密度——因而气凝胶又被称为冻烟雾或固体空气。

目前，国内外学者针对气凝胶超级隔热材料在建筑围护结构中的建筑节能效果开展了深入研究。广州大学黄仁达的研究表明新型气凝胶保温材料应用于夏热冬冷地区的墙体外保温具有良好的节能优势，且经济、环境效益显著，其在建筑墙体隔热保温领域应用具有重要意义。黄仁达以某三层办公大楼作为典型建筑模型，依据度日数法（DD）和全生命周期成本法（LCC）建立了优化建筑墙体保温材料厚度及投资成本的计算模型，计算结果表明XPS、EPS、聚氨酯泡沫、玻璃纤维及新型气凝胶保温材料应用在加气混凝土墙体的经济厚度分别为49.0mm、73.0mm、43.0mm、47.6mm及4.9mm，新型气凝胶保温材料具有最小的经济厚度。

由于气凝胶的半透光性能，还可以将其用于建筑窗体结构中，实现保温隔热和建筑节能。从气凝胶的填充方式角度出发，气凝胶窗体分为三类，分别是：整块气凝胶玻璃窗、镀膜气凝胶玻璃窗和颗粒气凝胶玻璃窗。整块气凝胶玻璃窗的导热系数最低。但是，由于气凝胶本身易碎，制备大体积整块气凝胶玻璃难度大、成本高，目前还停留在实验室研究阶段。镀膜气凝胶玻璃，也叫作气凝胶涂膜玻璃，国内外相关研究较少，其生产工艺尚不完善、使用寿命较短，节能效果也尚不明确。颗粒气凝胶玻璃窗是将颗粒状气凝胶填充到中空玻璃窗中。由于气凝胶颗粒会引起太阳辐射扩散现象，整体呈现透光但不透明的状态，因而颗粒气凝胶玻璃窗适用于不需要视觉互动的场景，如机场顶棚、火车站幕墙、篮球馆透光幕墙等。颗粒气凝胶玻璃的制备工艺比较简单，良品率较高，因而具有更加广阔的应用前景。

6.4 自能自适建筑结构

按照尺度与功能的区别，建筑结构的自能自适分为三个层面，分别是：建筑构件层面的自能自适（例如遮阳构件）、建筑表皮层面的自能自适（例如幕墙体系）、建筑体与建筑群层面的自能自适。具有自能自适的构件、表皮或形体结构的建筑可以统称为自能自适建筑。

6.4.1 建筑构件层面的自能自适

建筑构件层面的自能自适，指的是建筑物的某一类或某几类构件具有可再生能源利用功能，并能够根据环境变化通过构件的变形、伸缩、折叠、旋转等动作实现功能切换。这方面的典型例子是可翻转天空辐射制冷光伏玻璃窗（详见本书第3.4节）、主动式光伏百叶和本书作者所在团队提出的可翻转天空辐射制冷遮阳。

1.主动式光伏百叶（图6-2、图6-3）

目前应用于建筑的光伏百叶一般为固定式，固定式光伏百叶无法主动适应天气变化并营造均匀、舒适、健康的光环境。同时，在建筑场景中，光伏电池易受到局部遮挡而引起发电效率损失；且固定式光伏百叶难以适应太阳位置和气象条件的变化，有可能造成阻碍景观视野并影响室内采光和日光取暖。如何根据建筑使用需要，在避免光伏电池被局部遮挡和视野阻碍的前提下，对太阳辐射这一宝贵资源进行主动调节与合理分配，是发挥光伏遮阳技术节能降碳作用、营造舒适室内环境的关键所在。

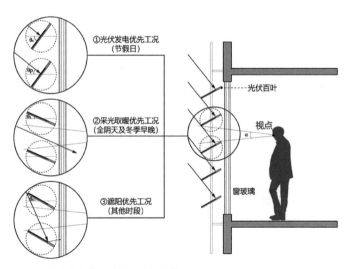

图6-2　主动式光伏百叶的主动调光策略原理

图6-3 主动式光伏百叶用于高层建筑效果图

在此背景下，作者提出一种主动式光伏百叶。主动式光伏百叶可适应不同季节和天气条件下的太阳辐射角度和强度变化，兼顾建筑节能降碳和改善室内光、热环境的作用。它采用光伏组件作为遮阳结构，减少制冷季节的室内得热和空调能耗，并将入射到建筑围护结构的太阳辐射直接转化为电能，供建筑使用；并采用具有气象适应性的主动调光策略，在避免光伏电池局部遮挡和视野阻碍的前提下，满足不同季节和天气的发电、遮阳、日光采光取暖需求。

主动式光伏百叶的"自能自适"性能及技术原理如下：根据建筑使用规律，明确光伏百叶的工况，包括光伏发电优先工况（例如节假日）、遮阳优先工况（例如夏季午间）、采光取暖优先工况（例如冬季清晨和阴雨天）。在光伏发电优先工况下，百叶上光伏电池最大化利用太阳能；在遮阳优先工况下，最大化满足视野景观的视野范围的同时使得射入室内的入射太阳辐射总量最小化；在采光取暖优先工况下，使得射入室内的入射太阳辐射总量最大化的同时尽可能满足视野景观的视野范围。如此设置，百叶可以根据不同的天气环境控制切换不同的模式，可以实现对天气变化的自动适应，营造均匀、舒适与健康的光环境。

2.可翻转天空辐射制冷遮阳（图6-4、图6-5）

可翻转天空辐射制冷遮阳由深圳大学唐海达提出。遮阳为三层构造，上下表面分别为太阳能光伏组件和天空辐射制冷材料，中间夹层为水流通路。在日间，光伏组件朝上，将部分入射太阳辐射转化为电能，并将剩余部分太阳辐射能量以热水的形式加以利用。也就是说，水流通路中的水流被加热为热水，并供给建筑使用，从而实现光伏光热建筑一体化。在夜间，遮阳结构翻转，使天空辐射制冷

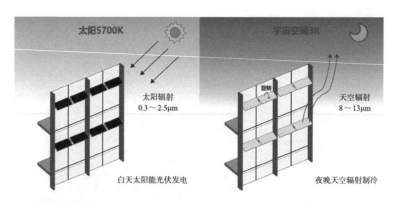

图6-4 可翻转天空辐射制冷遮阳

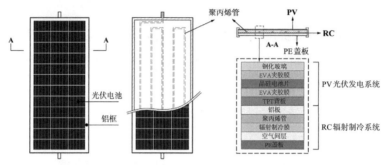

图6-5 可翻转天空辐射制冷遮阳的结构图

材料朝上，并通过红外辐射实现天空辐射制冷，对水流通路中的水流进行冷却，制备冷水供建筑空调制冷系统使用，实现光伏与辐射制冷一体化。

6.4.2 建筑表皮层面的自能自适

建筑表皮层面的自能自适，指的是建筑物的表皮结构具有自然资源、可再生能源利用功能，并能够根据环境变化通过构件动作实现功能切换。这方面的典型例子是主动相变光伏玻璃幕墙和双循环水流吸热幕墙。

1.主动相变光伏玻璃幕墙

在现代建筑，特别是办公及商业建筑中，玻璃幕墙的大面积使用已经成为主流趋势。玻璃幕墙将建筑美学、建筑功能、建筑节能和建筑结构等因素有机地统一起来，建筑物从不同角度呈现出不同的色调，随阳光、月色、灯光的变化给人以动态的美。但是，玻璃幕墙的室内外热量传递现象显著，其引起的采暖和制冷能量损失往往占到建筑围护结构的一半以上。为营造低碳健康的建筑环境，玻璃幕墙应控制和有效利用太阳辐射，减少采暖和空调制冷负荷，实现自然采光并避免眩光，降低照明能耗。

本书作者提出一种主动相变光伏玻璃幕墙（图6-6）。外层为中空光伏玻璃，直接将部分入射太阳辐射转化为电能；内层为可收放的相变材料夹层叶片（以下简称"相变叶片"）。主动相变光伏玻璃幕墙可根据环境变化和建筑使用规律，动态改变自身的光热性能，主动调节太阳辐射在表面和内部的反射-吸收-透射、蓄热-放热过程，以兼顾采光、遮阳、日光取暖和太阳能发电，提升建筑能效。

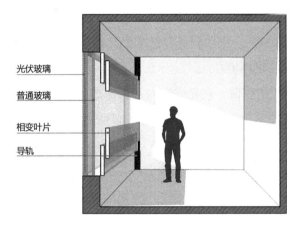

图6-6 主动相变光伏玻璃幕墙结构示意图

主动相变光伏玻璃幕墙具有气候适应性，其调节策略与节能原理（图6-7）如下：在夏季，当日间阳光猛烈，建筑多以遮阳需求优先，此时张开全部或部分相变叶片，相变材料吸收太阳辐射并以潜热形式蓄能，保持室内温度稳定；而

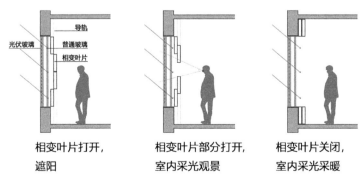

图6-7 主动相变光伏玻璃幕墙的调节策略与节能原理

清晨、傍晚和阴雨天可收起相变叶片，提供充足自然采光。在冬季，日间收起部分相变叶片，在避免眩光的前提下利用太阳辐射实现日光取暖；而夜晚张开相变叶片，利用日间蓄存的热量取暖。太阳辐射强度随气候区域、季节变化、建筑朝向等因素动态变化，因而窗体调节策略"因地-逐时"变化。

主动相变光伏玻璃幕墙的突出优势如下：

（1）相比传统的玻璃窗，它能够营造更加稳定的室内光热环境，解决建筑立面太阳能资源主动分配和合理利用关键问题，缓解因化石能源燃烧发电产生的温室气体排放和环境污染问题。

（2）相比普通的光伏窗，它可以在一定范围内动态调节光、热性能（太阳辐射透过率、传热系数等），主动满足自然采光、遮阳隔热与日光取暖需要，提供健康舒适的室内光、热环境。

（3）相比固定式相变窗，它允许室内人员根据天气情况和个人喜好进行灵活调节，并有效避免在清晨和冬季温度较低时，固态相变材料夹层过度遮挡阳光所引起的自然采光不足等问题。

综上，通过优化组合光伏玻璃和相变叶片的结构及性能参数，可灵活设计主动相变光伏玻璃幕墙"发电-传热-透光"性能的可调范围，并根据室内外环境和建筑使用规律进行实时、动态按需调节。主动相变光伏玻璃幕墙实现围护结构对气候的主动适应和对可再生能源的高效利用，兼顾建筑节能减排和室内光热环境营造，具有良好的低碳健康建筑应用前景。

2.双循环水流吸热幕墙

双循环水流吸热幕墙采用双层水流的设计，共包括4层玻璃和3层空腔（图6-8）。最外侧的玻璃空腔，与相邻的玻璃层以及管道、保温水箱、循环水泵连接，形成外层水流循环，即太阳能热利用系统。在日间，水流流过外侧玻璃空腔，吸收部入射太阳辐射，通过对流传热与相邻玻璃层发生热量交换。水温升高并流向保温水箱中的热交换器，对市政给水进行预加热，之后在循环水泵的作用下，重新回到外侧玻璃空腔。保温水箱中的温水流经水加热器，升温并流至建筑生活热水用水点。

靠近室内的玻璃空腔与相邻的玻璃层以及管道、冷源、循环水泵连接，形成内层水流循环，即辐射供冷系统。在有供冷需要的时段，水流从冷源出发，流经

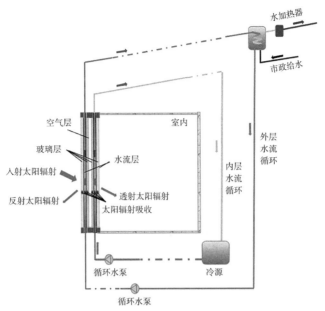

图6-8　双循环水流窗系统结构示意图

内层窗体空腔，吸收相邻玻璃层的热量，降低内侧玻璃温度，从而调节室内热环境。幕墙中央为密闭空气夹层，其作用是增大窗体的整体热阻，减少室外环境及玻璃升温对于室内热环境的不利影响。

双循环水流窗可利用高温冷源进行室内热环境调节。冷源可以采用高温制冷机组、地埋管换热器、地源热泵机组、水源热泵机组、冷却塔等形式。本书作者所在团队建立双循环水流窗的动态热平衡方程，结合深圳地区典型气象年的气候数据和室内环境参数求解各层玻璃温度，以及水流在窗体空腔中温度的逐时变化。利用外层水流层的出入口温差和水流量，计算系统太阳能热利用的逐时变化情况；结合入射太阳辐射强度，求得系统太阳能热利用效率。利用内层玻璃壁面与室内空气温度差值和对流、辐射换热系数，计算窗体向室内传热情况；结合窗体太阳辐射透过率，综合评价水流窗对室内冷负荷的影响。

研究发现双循环水流吸热幕墙可大幅削减室内得热量和空调制冷负荷，节约电费。与普通双层玻璃幕墙相比，水流窗系统对应的平均太阳辐射透过率从0.306降低到0.107。双循环水流吸热幕墙实现了太阳能建筑一体化，且太阳能热利用效率在15%以上，节约建筑生活热水系统能耗。当内层水流层的入口水温小于等于20℃时，室内综合得热量小于太阳辐射透射所引起的室内得热，即双循环水流吸热幕墙从功能上部分取代传统空调末端。在室外环境气温更高的炎热夏季，双循环水流吸热幕墙可以更加有效地利用高温冷水，将热量从围护结构中转移走。双循环水流吸热幕墙更适合于制冷季长、平均温度高的地区。综合考虑空调系统与热水系统的电费节约，以及双循环水流吸热幕墙的循环水泵、高温冷源电能消耗和额外增加的初始投资费用，双循环水流吸热幕墙在深圳气候条件下的静态投资回报年限为8年以内，具有良好的经济效益和环保效益。

在供暖季节，双循环水流吸热幕墙可放空水流，以多层空气夹层的形式增大维护系统热阻，减少室内热损失；亦可以通入低温热水，进行室内供暖。相应的系统运行情况分析，可为双循环水流吸热幕墙的实践应用提供基础信息。同时，未来可进一步探讨地热能在双循环水流吸热幕墙中的应用，利用自然冷源实现室内热环境调控，并拓展可再生能源在建筑领域的应用。

6.4.3 建筑体与建筑群层面的自能自适

建筑体与建筑群层面的自能自适，指的是建筑体或建筑群具有可再生能源利用功能，并能够根据环境条件的变化，通过旋转、变形、位移、伸缩等动作实现功能切换和能效最优。这类建筑又可称为动态建筑——建筑形体可以通过机械、电子等手段实现可变化的建筑形态，以适应不同的使用需求和环境条件。动态建筑的设计理念源于对建筑静态性质的挑战和对人们生活方式多样化需求的反映，它不仅具有美学价值，还能提高建筑的使用效率和环境适应性。动态建筑可以通过多种方式实现，例如旋转、滑动、伸缩等机械运动方式，也可以通过电子控制系统实现智能化调节。

动态建筑可以通过可变化的建筑形态，提高建筑的使用效率。具体来说，动态建筑可以根据不同的使用需求和环境条件，实现空间的灵活调整和优化。例如，在不同季节或天气条件下，动态建筑可以通过调整窗户、遮阳板等元素来实现室内温度和光线的控制；在不同活动场景下，动态建筑可以通过移动隔断、折叠墙等元素来实现空间的分隔和组合。这些灵活性设计可以提高建筑的适应性和使用效率，使得建筑更加符合人们的需求。

未来动态建筑的发展方向是更加智能化、可持续化和人性化。随着科技的不断进步，动态建筑将会更加智能化，可以通过传感器、自适应控制系统等技术实现自动调节和优化。同时，动态建筑也需要更加注重可持续性，采用环保材料和节能技术来减少对环境的影响。此外，未来动态建筑还需要更加注重人性化设计，以满足人们对于舒适、健康、安全等方面的需求。

在智能化方面，动态建筑可以通过电子控制系统实现智能化调节。具体来说，电子控制系统可以通过传感器、计算机等技术实现对建筑内部和外部环境的监测和分析，从而自动调节建筑的形态、温度、湿度等参数，以达到最佳的舒适性和能源效率。例如，在室内温度过高时，电子控制系统可以自动开启遮阳板或窗户来降低室内温度；在室内湿度过高时，电子控制系统可以自动开启通风设备来增加空气流通。此外，电子控制系统还可以通过人机交互界面，让用户对建筑进行手动调节和控制。这些智能化调节功能可以提高建筑的舒适性和能源效率，并且减少人工干预的需要。其中，人机交互界面应该具有以下功能：

（1）显示建筑的状态和参数：人机交互界面应该能够显示建筑的状态和参数，例如温度、湿度、光照强度等，以便用户了解建筑的运行情况。

（2）提供手动控制功能：人机交互界面应该提供手动控制功能，让用户可以通过界面来控制建筑的形态、温度、湿度等参数。

（3）提供预设模式选择：人机交互界面应该提供预设模式选择功能，让用户可以选择不同的模式来适应不同的使用场景，例如会议模式、休息模式等。

（4）支持远程控制：人机交互界面应该支持远程控制功能，让用户可以通过网络或手机等远程设备来控制建筑。

（5）提供数据分析和反馈：人机交互界面应该能够对建筑内部和外部环境进行数据分析，并向用户提供反馈信息，例如建议调整温度或湿度等。

在可持续性方面，未来动态建筑可以采用太阳能、风能等可再生能源，减少对传统能源的依赖，降低碳排放；优化建筑材料的选择和使用，例如采用环保材料、可回收材料等，减少对环境的影响；通过智能控制系统、节能设备等手段来节约能源，例如自动调节温度、光照等环境参数，减少不必要的能耗；通过灵活的空间设计和布局，提高空间利用率，减少土地占用和资源浪费；考虑生态环境，在设计过程中应该尽量保留自然景观和生态系统，并采取相应的措施保护生物多样性。

在人性化方面，未来动态建筑的设计过程中，应该考虑到用户的需求和使用习惯，例如提供舒适的温度、光照和通风等环境；应该提供个性化选择，让用户可以根据自己的喜好和需求来调整建筑的形态和环境参数；采用智能控制系统，通过感应器、传感器等设备来实现自动调节环境参数，并根据用户的习惯进行学习和优化；采用先进的防火、防盗等技术手段，保障用户的生命财产安全，提高建筑物安全性。

意大利建筑师 Roberto Rossi 设计的一幢可以360°旋转的房子可以看作是这类建筑的1.0版本。这幢房子为两层楼的住宅，位于意大利北部的蒙特卡洛，顶部装有光伏组件。设计师的设计灵感来自太阳花，整个房子外观呈现出太阳花般的形状，由一个中心轴和多个楼层组成，并且可以随着太阳位置自动旋转。房子旋转的目的是适应不同时间段和季节的光照和景观，为人们提供更好的视野和采光效果，并实现太阳能光伏发电的优化。

这种可旋转建筑是一种具有创新性和前瞻性的新型建筑形式，通过自动调整角度来适应不同环境和使用需求，并为人们提供更好的视野、采光效果以及灵活性。在城市规划中，旋转建筑可以用于解决城市空间利用率低下的问题。在旅游业中，旋转建筑可以用于打造独特的景点和体验。将旋转建筑与光伏组件相结合，可以赋予建筑低碳环保和可持续属性。

除了旋转，建筑物还可以通过变形、位移、伸缩等动作实现对于环境的更主动适应和对可再生能源的更高效利用。不过这些建筑在设计和施工过程中需要考虑许多因素，如结构稳定性、机械设备可靠性、能源消耗等，需要进行充分的技术研究和实践探索。在动态建筑的结构设计中，需要考虑可动元素的重量、形状、运动方式等因素，以确保结构能够承受可动元素的负荷和运动力。在材料选择方面，需要选择高强度、耐久性好的材料，并进行充分的测试和验证，以确保其能够承受可动元素的负荷和运动力。在支撑系统方面，为了确保结构稳定性，在可动元素的支撑系统中需要采用高强度、耐久性好的支撑杆、支撑架等设备，并进行充分测试和验证。在控制系统方面，需要采用高精度、高灵敏度的传感器和控制器，并进行充分测试和验证，以确保控制系统能够准确地控制可动元素的运动。同时，为了确保安全性，在设计过程中需要考虑各种可能出现的情况，并采取相应的安全措施，例如设置紧急停机装置、防止碰撞装置等。

自 能 自 适 建 筑

6.5 自能自适建筑研究及展望

现阶段，建筑技术领域的主要研究方法有实验研究、理论研究与仿真模拟。随着科学技术的快速发展与进步，在未来自能自适建筑的研究将有可能依托于可控人工环境的发展和人工智能技术的运用而不断创新，为全社会的可持续发展做出贡献。

6.5.1 实验研究与可控人工环境的发展

长期以来，实验测试是建筑技术相关研究的重要手段。建筑安全与环境的实验测试可以分为真实尺寸实验和缩尺实验。真实尺寸实验是在常规建筑尺度下进行的建筑热、光、声环境实测，目的是归纳总结相关理论知识和营造策略。缩尺实验是指在建筑环境研究中，通过对小型模型或各项试验进行研究，来模拟和分析真实建筑环境中的各种物理现象和行为。缩尺实验通常采用比真实建筑环境小得多的模型或试验装置，以便更好地控制和测量各种参数，并减少成本和时间。例如，在研究建筑物内部空气流动情况时，可以通过在小型模型中放置风扇、传感器等设备来模拟真实情况，并进行流场分析和测量。缩尺实验在建筑研究中具有重要作用，可以帮助研究人员更好地理解和掌握各种物理现象和行为，从而优化建筑设计、改善室内环境质量、提高能源利用效率等。

为了更好地比较不同建筑材料或构造设计的热工性能、室内光热环境、节能减排效果，需要进行对照实验研究。所谓对照实验，也叫平行组实验，是指既有实验组又有对照组（控制组）的一种实验方法。实验组即实验对象（如建筑、房间、缩尺房间等），对照组是同实验对象进行对比的建筑、房间或者缩尺房间。两组实验对象在尺寸、基本结构等方面基本相同，而在局部采用不同的建筑材料、建筑构造、空气调节手段等。通过对比实验对象与对照对象在相同气候条件下的热工性能，室内环境与能耗等方面的区别，验证实验对象的热工性能改善、室内环境营造、节能减排等方面的实际效果。

本书作者所在团队曾开展可翻转光伏窗的实验与理论研究，提出猜想：天空辐射制冷薄膜是否能够与光伏玻璃相结合取得更好的建筑节能效果。具体来说，通过光伏玻璃背贴天空辐射制冷薄膜的特殊结构设计，实现在日间进行光伏发电的同时，利用天空辐射制冷技术实现夜间免费制冷。为了验证上述假说，搭建了三个同样大小和材质的实验舱，每个实验舱均在南向开窗，并分别采用普通玻璃、光伏玻璃和光伏玻璃背贴天空辐射制冷薄膜的设计——即开展普通玻璃窗、碲化镉光伏玻璃窗、天空辐射制冷光伏玻璃窗对照实验（图6-9）。在实验过程中，持续监测室内光、热环境（照度和温度波动），并计算碲化镉光伏玻璃窗和天空辐射制冷光伏玻璃窗的光伏发电效率。通过实验数据分析，发现碲化镉光伏玻璃窗实验舱的室内温度低于普通玻璃窗实验舱，而天空辐射制冷光伏玻璃窗实验舱的室内温度又低于碲化镉光伏玻璃窗。从而验证了光伏玻璃窗可以在制冷季节减少室内得热，降低制冷能耗，达到节能减排目的；而新型的天空辐射制冷光伏玻璃窗可以取得更好的节能减排效果。通过这个实验，研究团队还厘清了碲化镉光伏窗和天空辐射制冷光伏玻璃窗的透光、发电与热工性能影响因素及耦合机理。建立了三种实验窗体的光-电-热理论模型，并将模拟结果与实验结果进行比对，发现模拟结果与实验数据吻合，可以比较准确地反映实际的物理过程。也就是说，可以利用所建立的理论模型，预测天空辐射制冷光伏玻璃窗的全年综合节能效果。

图6-9 三种不同玻璃窗的实验现场

不过，室外的环境条件是高度不可控的，有时难以满足实验需要。这时就需要使用人工气候室来进行相关测试。人工气候室又称可控环境实验室，是一种可人工控制光照、温度、湿度、气压和气体成分等因素的密闭隔离设备。人工气候室不受地理、季节等自然条件的限制并能缩短研究的周期，已成为科研、教学和生产的一种重要设备。

人工气候室一般由控制室、空气处理室和环境实验室三部分组成。控制室由控制各类环境因素的调控和显示装置组成，显示装置可呈现出各类环境因素的设定值，对比传感器采集得到的数值，反馈控制调控装置，进而达到控制室内环境的目的；空气处理室内装有空气过滤器、热源、冷源、除湿器、加湿器等设备，这些设备按控制室内调节器的指令做出相应动作；环境实验室内装有电光源和监测光、温度、湿度、气体成分等因素的感应元件，并与显示装置相连接，将各感应到的实际值传给控制室的调控装置中进行偏差识别。按此路线反复循环使环境实验室中的实际值与显示装置中的设定值相同。

传统的人工气候室多针对室内空气温度、湿度和气流速度进行人工控制，而光伏建筑一体化的蓬勃发展对日光的模拟提出了新的要求。太阳模拟器就是用来模拟太阳光的新型设备。太阳光模拟器是一种人造光源，一般包含光源、供电及控制电路、计算机等组成部分，可以产生或模拟具有与太阳光相似的光谱分布及光强的光。太阳模拟器的基本原理是利用人工光源模拟太阳光辐射，以克服太阳光辐射受时间和气候影响，并且总辐照度不能调节等缺点，可用于航空航天、光伏、农业等领域。例如，太阳模拟器广泛用于光伏行业的太阳能电池性能测试，通过采集待测太阳电池的伏安特性曲线，从而计算得到其最大功率、最大功率点电流、最大功率点电压、短路电流、开路电压、填充因子、光电转换效率、串联电阻、并联电阻等参量。这些参量不仅能够反映出太阳电池的电性能，用于太阳电池生产工艺研究，而且用于太阳电池功率和等级评定。

西南大学的张凯设计了一种基于干燥辐射传热等效的太阳能模拟器，主要由可调节机架、灯阵和控制系统组成。各个部分功能如下：

（1）可调节机架。机架可提供足够的实验空间，机架和灯阵框架通过活动铰链连接，通过调节灯阵的角度实现调整模拟辐射的直射角度。

（2）灯阵。灯阵由灯阵单元以一定的排布方式安装在灯阵框架上构成，灯阵单元主要由光源、聚光灯罩组成。本文通过数值模拟技术对灯阵单元的排布方式进行优化设计，以较少的光源数量满足提出的太阳能模拟器设计目标。

（3）控制系统。可通过人机交互软件上位机输入控制参数生成控制命令发送到下位机，下位机接收处理控制命令结合计时芯片提供的时间信号，定时将PWM控制信号发送给变压模块，通过改变电压的方式控制辐照度的输出。

6.5.2 仿真模拟与人工智能技术的运用

虽然实验测试能够获得真实、准确的数据信息，但是也有着成本较高、耗时较长、占用场地等缺点。因而，一些专家学者转为采用计算机模拟手段开展建筑环境与能耗相关研究。

计算机模拟是指建立研究对象的数学模型或描述模型并在计算机上加以体现和试验。计算机模拟的研究对象包括各种类型的系统，其模型是指借助有关概念、变量、规则、逻辑关系、数学表达式、图形和表格等对系统的一般描述。把这种数学模型或描述模型转换成对应的计算机上可执行的程序，给出系统参数、初始状态和环境条件等输入数据后，可在计算机上进行运算得出结果，并提供各种直观形式的输出，还可根据对结果的分析改变有关参数或系统模型的部分结构，重新进行运算。在建筑领域，计算机模拟可以帮助科研人员全面分析建筑热环境、光环境、声环境，以及经济环境影响、造价分析、气象数据等重要建筑环境、能耗、经济指标。

举例来说，加大外窗面积会在冬天增加太阳得热，减少冬天供暖能耗；但在冬季夜间又会增加向室外的散热，增加供暖能耗，夏季还会导致通过外窗的得热增加，加大空调能耗。因此需要对窗墙比进行优化。同样，增加外墙保温厚度，可减少冬夏季热损失，但随保温厚度不断增加，收益的增加逐渐变缓而投资却继续线性增长，因此也存在最优的保温厚度的问题。这些措施与建筑环境及建筑物全年能耗之间的关系很难进行直接准确的分析。这时，可以通过逐时的动态模拟完成建筑物室内热环境和能源消耗的分析与优化。

得益于计算机技术的发展，20世纪60年代中期开始出现建筑环境及控制系统动态模拟研究。初期的研究内容主要是传热的基础理论和负荷的计算方法，例如一些简化的动态传热算法，如度日数法（DD）等。在这一阶段，建筑模拟的主要目的是改进围护结构的传热特性。在20世纪70年代中期，出现了两个著名的建筑模拟程序：BLAST和DOE-2。在20世纪70年代末期，随着模块化集成思想的出现，空调和其他能量转换系统及其控制的模拟软件也逐渐出现，例如TRNSYS等。

经过40余年的发展，建筑模拟技术已经在建筑环境等相关领域得到了较广泛的应用，贯穿于建筑设计的整个寿命周期，包括设计、施工、运行、维护和管理等各个阶段，也包括建筑冷/热负荷计算（用于空调设备选择等），建筑进行能耗分析（用于建筑改造方案优化等），建筑能耗的管理和控制模式优化（以挖掘建筑的最大节能潜力），建筑经济性分析（计算设计方案的成本与运行费用）等。目前，国际上主流的建筑能耗模拟软件及特点如下：

（1）DOE-2。DOE-2是目前最为流行的建筑全能耗分析软件之一，通过"建筑描述语言"（Building Description Language，BDL）来解决建筑体型、构造、设备性能以及房间使用时间表等大量需要输入的参数。DOE-2利用反应系数法预算各种围护结构的反应系数，即预先计算出对于特定围护结构，在某一确定温度状况下，各种扰量（例如外温、太阳辐照、室内热扰、空调送风等）对房间负荷的影响，然后做线性化假设，根据叠加原理叠加成房间空调供暖的负荷，类似于工程界常用的冷负荷系数法。

（2）EnergyPlus。EnergyPlus功能强大，是国际上使用最为广泛的建筑能耗模拟软件之一。在EnergyPlus中，一些常用的空调系统类型和配置已做成模块，包括双风道的定风量空气系统和变风量空气系统、单风道的定风量空气系统和变风量空气系统、组合式直接蒸发系统、热泵、辐射供热/供冷系统、水环热泵、地源热泵等。EnergyPlus中采用各向异性的天空模型，能够更为精确地模拟倾斜表面上的天空散射辐射强度，有利于实现高精度的光伏建筑太阳能发电模拟。EnergyPlus既能够用于辅助被动建筑设计、供暖空调负荷计算、空暖空调辅助设计，也能够用于节能评估（LEED等）。初学者可以阅读软件自带的说明文档《EnergyPlus Getting Started》和《Input Output Reference》进行学习。

（3）DeST-h。DeST-h是清华大学建筑环境与设备研究所在十余年积累的科研成果基础上开发的一款面向住宅类建筑设计、性能预测及评估，并集成于

AutoCAD上的建筑热特性模拟计算软件。DeST-h可用于住宅建筑热特性的影响因素分析、住宅建筑热特性指标的计算、住宅建筑的全年动态负荷计算、住宅室温计算、末端设备系统经济性分析等领域。它主要包括四个基本模块：建筑热物理性能求解模块、房间温度计算模块、房间负荷计算模块和住宅常见空调/供暖方式的能耗计算模块。DeST-h能够比较精确地模拟建筑中各房间的室温状况、夜间通风对室内热环境的影响、邻室传热对各房间热环境的影响、间歇空调停启对空调系统装机容量及运行能耗的影响、内外保温对于空调供暖负荷的影响。

（4）TRNSYS。TRNSYS最早是由美国Wisconsin大学Madison分校的建筑技术与太阳能利用研究所开发，后来又在欧洲一些研究所的共同努力下逐步完善，目前其最新版本为Ver.17。它可以对太阳能光热和光伏系统、建筑及暖通空调、可再生能源、冷热电联产和燃料电池等系统的运行和控制特性进行仿真模拟。该软件的最大特色在于其模块化的分析方式。所谓模块化，即认为所有系统均由若干个小的系统（即模块）构成，一个模块实现一个特定功能，如热水器模块、单温度场分析模块、太阳辐照分析模块、输出模块等。这些模块可以很方便地搭建组成各种复杂系统。因此，在对系统进行模拟分析时，只要调用实现这些特定功能的模块，给定输入条件，设定各模块参数，就可以对系统进行模拟分析。

（5）ESP-r。ESP-r是一个动态热量环境仿真工具，由Energy System Research Unit公司在英国Strathclyde大学机械工程系研究成果的基础上开发。ESP-r能提供建筑热湿环境和CFD的耦合模拟，这一点对于提高建筑内部的传热、传质过程的准确性具有重要意义，它还允许研究者和设计者评估分析实际气候参数、居住者的交互活动、设计参数的变化以及控制系统对能源需求和室内环境状态的影响。Esp-r在模拟技术上综合了很多独到之处，如：采用射线跟踪法计算任意形状建筑物的外部、内部和自身遮阳，包括周围物体对建筑物的遮阳；自动生成三维空间建筑物内外遮阳效果图和动画；采用射线跟踪法计算任意形状房间的各个墙面之间的角系数，更精确计算室内的长波辐射传热；采用求解和导热方程时间步长耦合的空气流动方程，模拟整个建筑物各房间之间的空气流动；采用基于人体活动量、室内温湿度等参数模拟的热舒适性（PPD和PMV）；具有多种天空辐射模型和多种对流换热系数计算方法，以及可控可调门窗的开启，内外遮阳的调节，变色玻璃等先进的模拟技术和方法。

除了上述的建筑环境与能耗模拟软件，近年来，虚拟现实技术也参与到建筑环境设计与研究领域。虚拟现实技术（Virtual Reality，VR），是一种可以创建和体验虚拟世界的计算机仿真系统，它利用计算机生成模拟环境，是一种多源信息融合的交互式三维动态视景和实体行为的系统仿真，能够使用户完全沉浸到环境中去。近年来，虚拟现实技术（VR）越来越受到建筑领域的认可和应用。因为虚拟现实技术能够提供多感官的三维环境，让使用者沉浸在虚拟的世界中，满足建筑设计、施工、管理工作中对最终完成效果的高度还原需求。虚拟现实技术首次应用于建筑领域要追溯到20世纪90年代，当时这种模拟技术受到建筑师的注意，并引起了相关建筑工程学科的兴趣，进而探索虚拟现实技术的更多可能性。虚拟现实技术在建筑领域的应用主要有以下几个方面：

（1）建筑表现。虚拟现实技术可以提升建筑设计的创造性和感知性，这一点已被建筑师接纳。与传统的表达方式（二维图纸）相比，虚拟现实的图形表达帮助设计师更直观地对空间造型进行推敲。此外，传统的表达方式往往让设计师与客户之间的沟通效果低下。对于空间理解有限且难于读懂专业图纸内容的非建筑专业人员，虚拟现实技术带来的可视化效果有效提高了客户对于图纸的理解，从而提升与设计师的沟通效率。同时，在虚拟现实的环境中，客户还可以对建筑的空间布局、材质、照明等构建元素进行实时的交互，让客户在设计初期即可对传统图纸中不能表达的部分进行感知。这种做法已经用于住宅、学校、医院等多种类型建筑物的设计阶段，并证明可以有效减少潜在的设计问题，提高客户的满意度。

（2）设计协作。在建筑的设计阶段，相关专业之间的有效协作是项目成功的关键因素之一。例如一些国际建筑设计公司会将设计任务交给外国团队。为实现跨地域的沟通协作，开发了虚拟现实工作室，为团队提供远程联合设计的虚拟平台。一般这种虚拟工作平台能让多名设计师以第一人称或第三人称的视角同处于一个建筑模型中。除了共同处理模型中发现的设计问题外，一些研究认为这种在虚拟环境中共处的模式会促进设计师的创造力。例如该领域的知名学者Uribe Larach和Cabra利用游戏引擎开发了一个虚拟会议室，并在现实世界中构建了一个相同的会议室，分别让参与者解决给定的设计问题。结果表明，在虚拟现实空间中的合作更有利于产生创造性的解决方案。

（3）用户行为感知测试。建筑建成后最终的交互对象是人，因此探究建筑环境的变化如何影响人们的行为反应及心理变化至关重要。在研究人与建筑之间的相互作用这一方面已有很多实践，具体方法如在既有建筑中的演练研究、在受控实验室中的实验以及在现场观察调研访谈等。但这些方法由于技术原因导致对行为数据的收集不够完善。为此，许多研究人员和设计师提出了利用虚拟现实技术，通过搭建可控的虚拟测试环境对人们的行为进行研究。通过计算机技术对人们在虚拟环境中的行为数据进行收集。该类研究大致分为三类：一是对寻路行为和空间感知的研究；二是对建筑中紧急疏散的研究；三是对建筑物理特性相关的研究。

计算机技术的发展对建筑设计产生了根本性的影响，为建筑物提供了更便捷的表现形式，建筑形态也从简单的平面生成转变为了复杂的形态模拟。在传统的建筑设计中，设计思维体现在二维平面上，随着AutoCAD等建筑设计工具的普遍使用，建筑设计思维转向三维空间。随着计算机技术和众多仿真模拟软件的出现，建筑环境仿真模拟与能耗预测成为可能，从而为设计方案优化提供了有力手段。而随着数字技术在建筑行业的引入，尤其是虚拟现实技术在建筑设计中的应用，建筑设计可以在真实的周边环境下对模拟的三维空间进行设计、修改和研究，从而设计出与环境更加匹配的建筑。在未来，仿真模拟技术和虚拟现实技术必将融入自能自适建筑的设计与优化中，为提升建筑物性能、改善建筑内环境、提高人员舒适度做出巨大的贡献。

6.5.3 介质空间与未来建筑场景拓展

伴随文明的发展与科技的进步，人类有机会扩大活动空间、延伸生存领域。与此相对应，城市发展和建筑设计也可能会拓展到新的"介质空间"——地下、海洋和太空。开发地下空间，有助于解决城市规模扩张与土地资源紧缺的矛盾、增强基础设施服务能力、提高综合防灾素质、保持城市的可持续发展。以深海开发、海水利用为标志的海洋技术发展，为人类向海洋拓展打下坚实基础。随着航天技术的不断进步，人类将有能力走出地球，建立太空城市。

1.未来海洋建筑

基于人类社会及科技进步的发展趋势，中国矿业大学韩晨平教授提出未来的海洋建筑发展将从单体海洋建筑向着海洋城市发展、海洋建筑的类型与功能越来越丰富、海洋建筑的选址将从近海向远海发展的趋势。早期海洋建筑距离海岸线较近，通过修建桥梁、水上和空中交通与陆地建立联系；随着技术发展，海洋建筑将逐渐降低对陆地城市的依附程度，更加主动地适应相对复杂的海洋环境。未来的海洋建筑应当是具有自能自适性能的。一方面，风浪和海浪需要海洋建筑具备高度的环境适应性，抵抗风浪，以保证安全和稳定；另一方面，海洋建筑还需要具备自产能特性，包括能够高效利用太阳能、风能等可再生能源，以及循环利用水资源等。

2.未来太空建筑

未来太空建筑方面，学者们正在探索和研究人类在火星上的未来居住可能性，这是因为火星与地球有一定的相似性：火星自转轴与轨道周期面夹角大约为25°，也有四季的变化；火星的自转周期是24h37min，与地球相近，昼夜变化与地球上基本一致；火星有一层稀薄的二氧化碳大气，导致火星昼夜温差虽然比地球大，但相比月球却小很多。建造火星建筑必须充分考虑建筑材料的选择和利用，以及能源供应等问题。由于火星表面缺乏大气保护层和强烈的辐射环境等因素，需要使用特殊建筑材料来保护建筑内部免受辐射侵害，并提供足够的隔热、隔声、防水等功能。同时，火星表面缺乏大量可利用的化石能源资源，因此需要利用太阳能、风能等可再生能源来满足建筑的能源需求。

3.未来深地空间建筑

未来的地下建筑可能成为防灾减灾的重要场所，如地下避难所。对于地质条件较好或可建造深层地下空间建筑的地区，利用隧道等形式可以实现多个方向畅通无阻的便利交通。此外，深层地下空间建筑特别适合无人或少人活动的功能性空间，如物流、污水处理等。由于地下环境复杂且存在风险，未来的地下建筑需要高度重视安全性设计。同时，深层地下空间建筑中的热湿环境设计非常重要。需要对建筑的热湿特性进行分析和评估，以确定合适的空调通风系统和设备，并采用合适的隔热、隔潮材料和技术手段来保证室内温度和湿度的稳定性。此外，还需要考虑新风系统的设计和运行，以保证室内空气质量。

在这个人类向深海、深空和深地的空间探索过程中，自能自适建筑将面临更大的挑战，也有机会发挥更大的作用。从时间的维度来看，人类建筑也是不断地在增强环境的适应能力，提高能源的使用效率的。作为生活和生产的最重要场所，我们的建筑要对人类自身负责，也要对生态环境、子孙后代负责——实现可持续的发展。

[1] 喜文华.被动式太阳房的设计与建造[M].北京：化学工业出版社，2006.

[2] 李梁栋.建筑太阳能热利用系统的综合效益研究[D].西安：西安科技大学，2019.

[3] 罗昊敏.高层住宅太阳能热水系统性能研究及经济环境分析[D].邯郸：河北工程大学，2021.

[4] 隋佳音，肖毅强.浅析生物智能建筑表皮设计——以生物智能住宅为例[J].城市建筑，2019，16（1）：125-128.

[5] 王静，杜鹏.德国绿色建筑节能、产能与蓄能一体化设计——以BIQ生物智能住宅楼为例[J].建筑与文化，2020（5）：232-235.

[6] 边宇.建筑采光[M].北京：中国建筑工业出版社，2019.

[7] 邵国新，张源.建筑自然采光方式探讨[J].节能，2010，29（6）：32-35，2.

[8] 董国明.寒冷地区农村中小学校绿色建筑设计研究[D].西安：西安建筑科技大学，2014.

[9] 曹亚楠.山东地区中小学普通教室天然采光优化设计策略研究[D].济南：山东建筑大学，2019.

[10] 袁艳平，向波，曹晓玲，等.建筑相变储能技术研究现状与发展[J].西南交通大学学报，2016，51（3）：585-598.

[11] 王汉青，赵越.相变储能围护结构在建筑节能中的应用[J].储能科学与技术，2018（A1）：75-83.

[12] Fazel A，Izadi A，Azizi M. Low-cost Solar Thermal based Adaptive Window：Combination of Energy-saving and Self-adjustment in Buildings[J]. Solar Energy，2016，133：274-282.

[13] Wang X，Yang Y，Li X，et al. Modeling，Simulation，and Performance Analysis of A Liquid-Infifill Tunable Window[J]. Sustainability，2022，14：15968.

[14] Hameed Alrashidi, Aritra Ghosh, Walid Issa, et al. Mallick, Senthilarasu Sundaram, Thermal Performance of Semitransparent CdTe BIPV Window at Temperate Climate[J]. Solar Energy, 2020, 195: 536-543.

[15] Tan Y, Peng J, Luo Y, et al. Numerical Heat Transfer Modeling and Climate Adaptation Analysis of Vacuum-photovoltaic Glazing[J]. Applied Energy, 2022, 312: 118747.

[16] Peng J, Lu L, Yang H, et al. Comparative Study of the Thermal and Power Performances of A Semi-transparent Photovoltaic Façade under Different Ventilation Modes[J]. Applied Energy, 2015, 138: 572-583.

[17] Zhang C, Ji J, Wang C, et al. Experimental and Numerical Studies on the Thermal and Electrical Performance of A CdTe Ventilated Window Integrated with Vacuum Glazing[J]. Energy, 2022, 244: 123128.

[18] 王珮珊. 双层光伏窗热工性能及室内热舒适性实验研究[D]. 太原: 太原理工大学, 2020.

[19] Hu Y, Xue Q, Wang H, et al. Experimental Investigation on Indoor Daylight Environment of Building with Cadmium Telluride Photovoltaic Window[J]. Energy and Built Environment, 2023.

[20] 高静. 光伏电池宽度对半透明光伏窗天然采光性能的影响研究[D]. 长沙: 湖南大学, 2021.

[21] Li X, Peng J, Tan Y, et al. Optimal Design of Inhomogeneous Semi-transparent Photovoltaic Windows based on Daylight Performance and Visual Characters[J]. Energy and Buildings, 2023: 112808.

[22] Guo W, Kong L, Chow T, et al. Energy Performance of Photovoltaic (PV) Windows under Typical Climates of China in Terms of Transmittance and Orientation[J]. Energy, 2020, 213: 118794.

[23] 王春磊, 彭晋卿, 李念平, 等. 不同透过率下非晶硅光伏窗综合能效性能研究[J]. 太阳能学报, 2019, 40(6): 1607-1615.

[24] Sankar Barman, Amartya Chowdhury, Sanjay Mathur, et al. Assessment of the Efficiency of Window Integrated CdTe based Semi-transparent Photovoltaic Module[J]. Sustainable Cities and Society, 2018, 37: 250-262.

[25] Uddin M M, Wang C, Zhang C, et al. Investigating the Energy-saving Performance

of A CdTe-based Semi-transparent Photovoltaic Combined Hybrid Vacuum Glazing Window System[J]. Energy, 2022, 253: 124019.

[26] Tang H, Wu J, Li C. Experimental and Numerical Study of A Reversible Radiative Sky Cooling PV Window[J]. Solar Energy, 2022, 247: 441-452.

[27] Tin-Tai Chow, Zhongzhu Qiu, Chunying Li. Potential Application of "See-through" Solar Cells in Ventilated Glazing in Hong Kong[J]. Solar Energy Materials and Solar Cells, 2009, 93(2): 230-238.

[28] 马福军, 许杭. 建筑自然通风节能技术及影响因素[J]. 科技信息, 2011(36): 20.

[29] Özbalta T G, Kartal S. Heat Gain through Trombe Wall using Solar Energy in A Cold Region of Turkey[J]. Sci. Res. Essays, 2010, 5(18): 2768-2778.

[30] 胡中停. 百叶型太阳能Trombe墙系统的性能分析与优化[D]. 合肥: 中国科学技术大学, 2017.

[31] 郭晨玥, 潘浩丹, 徐琪皓, 等. 天空辐射制冷技术发展现状与展望[J]. 制冷学报, 2022, 43(3): 1-14.

[32] Goia F, Perino M, Serra V. Experimental Analysis of the Energy Performance of A Full-scale PCM Glazing Prototype[J]. Solar Energy, 2014, 100: 217-233.

[33] King M F L, Rao P N, Sivakumar A, et al. Thermal Performance of A Double-glazed Window Integrated with A Phase Change Material (PCM)[J]. Materials Today: Proceedings, 2022, 50: 1516-1521.

[34] Duraković B, Mešetović S. Thermal Performances of Glazed Energy Storage Systems with Various Storage Materials: An Experimental Study[J]. Sustainable Cities and Society, 2019, 45: 422-430.

[35] Xu Z, Chen Y, Lin P, et al. Leakproof Phase-change Glass Window: Characteristics and Performance[J]. Building and Environment, 2022, 218: 109088.

[36] Yang X, Li D, Yang R, et al. Comprehensive Performance Evaluation of Double-glazed Windows Containing Hybrid Nanoparticle-enhanced Phase Change Material[J]. Applied Thermal Engineering, 2023: 119976.

[37] Li S, Zou K, Sun G, et al. Simulation Research on the Dynamic Thermal Performance of A Novel Triple-glazed Window Filled with PCM[J]. Sustainable Cities and Society, 2018, 40: 266-273.

[38] Zhang S, Hu W, Li D, et al. Energy Efficiency Optimization of PCM and Aerogel-filled Multiple Glazing Windows[J]. Energy, 2021, 222: 119916.

[39] Wei L, Li G, Ruan S T, et al. Dynamic Coupled Heat Transfer and Energy Conservation Performance of Multilayer Glazing Window Filled with Phase Change Material in Summer Day[J]. Journal of Energy Storage, 2022, 49: 104183.

[40] Zhang X, Liu Z, Wang P, et al. Performance Evaluation of A Novel Rotatable Dynamic Window Integrated with A Phase Change Material and A Vacuum Layer[J]. Energy Conversion and Management, 2022, 272: 116333.

[41] Ke W, Ji J, Wang C, et al. Comparative Analysis on the Electrical and Thermal Performance of Two CdTe Multi-layer Ventilated Windows with and without A Middle PCM Layer: A Preliminary Numerical Study[J]. Renewable Energy, 2022, 189: 1306-1323.

[42] De Gracia A. Dynamic Building Envelope with PCM for Cooling Purposes–proof of Concept[J]. Applied Energy, 2019, 235: 1245-1253.

[43] 钟克承. 相变窗动态传热过程的仿真模拟与实验研究[D].南京：东南大学, 2015.

[44] Jin Q, Long X, Liang R. Numerical Analysis on the Thermal Performance of PCM-integrated Thermochromic Glazing Systems[J]. Energy and Buildings, 2022, 257: 111734.

[45] 史琛, 王平, 杨柳. 建筑用石蜡类相变储能材料的改性研究进展[J]. 中国材料进展, 2022, 41（8）: 607-616.

[46] 陆敏艳. 建筑能源柔性潜力评价方法及其在住宅的应用研究[D]. 杭州: 浙江大学, 2019.

[47] 金星翰, 方光秀. 自愈混凝土的研究发展综述与机理及建议[J]. 山西建筑, 2018, 44（2）: 111-113.

[48] 田莹, 曲涛, 刘玉文. 纳米材料在建筑材料中的应用前景概述[J]. 低温建筑技术, 2006（2）: 76-77.

[49] 苏诗戈, 张忠伦, 徐长伟等. 低能耗建筑用透明气凝胶节能玻璃的研究与进展[J]. 中国建材科技, 2022, 31（5）: 62-67.

[50] 黄仁达. 气凝胶建筑墙体保温材料的厚度优化及经济性研究[D].广州: 广州大学, 2018.

[51] 王珊, 王欢, 杨建明, 等. 气凝胶节能玻璃的研究与应用进展[J]. 建筑节能, 2016, 44（8）: 50-54.

[52] 王欢, 吴会军, 丁云飞. 气凝胶透光隔热材料在建筑节能玻璃中的研究及应用进展[J]. 建筑节能, 2010, 38（4）: 35-37.

[53] 杨丽修, 吴会军, 王欢, 等. 气凝胶薄膜制备的研究进展[J]. 材料导报: 纳米与新材料专辑, 2011, 25（2）: 85-87.

[54] 赵嫦. 二氧化硅气凝胶膜及复合节能镀膜玻璃的制备及性能研究[D]. 杭州: 浙江大学, 2014.

[55] 吕亚军, 吴会军, 王珊, 等. 气凝胶建筑玻璃透光隔热性能及影响因素[J]. 土木建筑与环境工程, 2018, 40（1）: 134-140.

[56] Garnier C, Muneer T, McCauley L. Super Insulated Aerogel Windows: Impact on Daylighting and Thermal Performance[J]. Building and Environment, 2015, 94: 231-238.

[57] 王晓辉, 夏梦晨. 建筑光储直柔关键技术及其应用[J]. 上海节能, 2023（4）: 468-475.

[58] 张涛. 面向柔性用能的光储直柔建筑探索[J]. 可持续发展经济导刊, 2022（4）: 40-41.

[59] 刘晓华, 张涛, 刘效辰, 等. "光储直柔"建筑新型能源系统发展现状与研究展望[J]. 暖通空调, 2022, 52（8）: 1-9, 82.

[60] 陆敏艳. 建筑能源柔性潜力评价方法及其在住宅的应用研究[D]. 杭州: 浙江大学, 2019.

[61] 简毅文, 樊洪明, 李炎锋. 建筑环境学课实验教学的探索[J]. 高等建筑教育, 2008, 75（4）: 146-148.

[62] 张凯. 基于辐射传热等效的太阳能模拟器设计与研究[D]. 重庆: 西南大学, 2021.

[63] 燕达, 谢晓娜, 宋芳婷, 等. 建筑环境设计模拟分析软件DeST第一讲建筑模拟技术与DeST发展简介[J]. 暖通空调, 2004, 34（7）: 48-56.

[64] Chunying L. Performance Evaluation of Water-Flow Window Glazing[D]. City University of Hong Kong, 2012.

[65] 林子舟. 基于虚拟现实技术的医院寻路设计方法研究[D]. 北京: 北京建筑大学, 2022.

[66] 张宝心.主动式建筑适宜性研究[D].济南：山东建筑大学，2017.

[67] 韩晨平，张任.浅析太空建筑的技术探索[J].建筑与文化，2020（9）：182-183.

[68] 韩晨平，袁宇平，王新宇.未来城市展望——从海洋建筑到海洋城市[J].中外建筑，2020（8）：54-57.

　　说到未来，每个人都有着独特的畅想。未来很近，在触手可及的美好明天；未来又很远，是属于子孙后代的幸福生活。为了我们自己明天的美好，也为了子孙后代的幸福，需要为可持续的未来建设更多可持续的建筑——自能自适建筑可能是一次有益尝试。